听一万种声音，但只成为自己

大麦 著

新世界出版社
NEW WORLD PRESS

从起点至终点，

每个人生命的轨迹似乎大同小异；

然而总有什么令人生不同，

那就是——

我们自己。

在一个清晨或深夜，

黄昏也可以，

做一件心之所向、情之所愿的事，

给等待圆满的梦一个实现的机会，

给等待幸福的自己一份矢志不渝的爱意。

涉过人世这条河流，
有湍流冲击着沉默的礁石，
也有飞影掠过浮沉的游鱼。
千番风过，万般波澜，
你或许听过了一万种声音，
仍然说：我要过自己的生活。

很好很好的生活就是:

太阳照常升起,

而我们拥有自己。

如果你是一朵花，

只要静静地绽放，

默默地散发芬芳就好，

不必向别人过多地解释自己。

懂得欣赏你的人，

自然能感知你的美好。

“来不及”和“刚刚好”之间的距离，

恰是一句“不放弃”。

你是否尝试做一个大人，

成熟，理智，学会了向生活妥协？

你是否尝试做一个孩子，

天真，纯粹，回归了肆意的本性？

你是否尝试做回自己？

坚强、脆弱，简单、复杂……

不被定义，

是亿万人中那不可替代的唯一。

天地浩渺，路途独行；

你的世界，

就是你自己。

有人觉得冰糖葫芦太酸，

有人觉得冰糖葫芦太甜，

有人觉得冰糖葫芦酸甜可口。

所以，做自己就好，

别人不喜欢你，

并不是你的问题。

目录

1 生活是自己的，与他人无关

2 这个世界有一种谎言，就是你不行

3

听一万种声音，但只成为自己

4

爱就是在一起，吃好多好多饭

5 做自己，而不是解释自己

6

允许自己做自己，允许别人做别人

1

生活是自己的，与他人无关

生活是自己的，与他人无关

从起点至终点，

每个人生命的轨迹似乎大同小异；

然而总有什么令生活不同，

那就是——我们自己。

01

偶尔路过地下商场略带斑驳的招牌，就会想起从前上学时“非主流”盛行的那几年。那会儿我和雯雯两个不爱交际的人是饭搭子，也约着在课余逛了几回商场。一次，她忽然在一排排亮闪闪的帽子前停住了脚步，毫不迟疑地掏出了自己的零花钱。

老实说，我的审美大概是不太“流行”的，可以随时撕拉掉的美甲片、搓一搓就掉的文身贴等“很不学生”的小饰品都是雯雯带我认识的，她无疑是我眼中的时尚达人。

彼时的我看着时尚达人雯雯拿着从午餐费中省出来、攒了大概三个星期才攒出的钱，买了密布铆钉、挂着链子的鸭舌帽，困惑地求问道："究竟要怎样比较，才能看出哪一款铆钉更好看呢？"

孰料雯雯竟略带吃惊地看了我一眼，按着自己头上的"新宠"含糊地说："都可以，反正就是这个样子的，大家都会喜欢的这种就行。"

我先是惊讶于不爱交际的雯雯做这些竟是为了合群，后又恍然明白了：人有的时候追寻与众不同，却又怕被集体排斥，是以苦苦追求的未必是自己喜爱的，装点自己的也未必是自悦的。

后来，我开始不自觉地留心起雯雯的真正喜好，发现美甲片是她喜欢的，文身贴是她不喜欢的，铆钉帽子也是她不喜欢的……等到"复古"流行自编水晶绳手链时，晶莹剔透的浅粉色、浅金色是她喜欢的，但她常买的水晶绳却是酷酷的深色系。

倘若是现在的我，一定会用很多话告诉她"做自己""你喜欢才重要"，可惜那时终究笨口拙舌，不能漂亮而清晰地将"生活是自己的"理念吐露。

杨绛在《一百岁感言》中发自肺腑地说："我们曾如此期盼外界的认可，到最后才知道：世界是自己的，与他人毫无关系。"

生活在人群中的我们，有时候在乎“他人眼中的我”更甚于在乎“我”本身。

一件自己喜爱的衣服，想穿出门却要反复斟酌是否会招来他人的议论；一次普通的玩乐，想要发朋友圈却又担心引来一通“教育”……我们如履薄冰地聆听人群中抛来的只言片语，却听不到自己心灵深处的呼声。

从年少青葱到成熟干练，再到有一天垂垂老矣，我们一些并未言明的心思仍会从一次次选择、一次次应对中体现出来。而他人的视线，岂不是就像凸透镜后聚拢的光，初时是亮且暖的，后来变得炽热，有可能将我们焚烧？

都说“一千个人的眼里有一千个哈姆雷特”，那么一千个人眼里自然有一千种对你我人生的不同看法。我们要是一直迎合他人的看法，就只好让自己疲于奔命。

或许，我们可以少问一句“他怎么看我”，多想一下“我怎样看待自己”；少听一语“你应当如何”，多思一番“我应当追寻什么”……

我们可以徜徉在阳光下，也可以奔跑在风雨中，唯独不应该战战兢兢地活在他人的眼光里。

02

曾在网络上看到一段很喜欢的文字：“你一定记得，不要做借光的月亮，而要做自己的太阳。”

生命历程中，他人的夸赞和支持如同燃烧的火把，随时都可能熄灭；只有我们的心中燃起的火焰，才能拥有恒久的光热。

大学做兼职时认识的学妹凌凌一直和我保持着不温不火的关系，有一天无意中发现我们俩的工作单位离得很近，这段重逢于茫茫人海的缘分让我们的往来频繁了些。

一天中午，凌凌和我相约于公司楼前小广场上。刚毕业没多久的她风中微醺，忍不住向我吐了一汪苦水。末了，她自嘲地说：“姐，我现在这样是不是很烦人？一些鸡毛蒜皮的事，也拿出来说一说。有的是比我难得多的人！”

我本打算柔声细气地好生安抚一番，但转念一想，空洞苍白地安慰一番又能有什么用呢？我没有和她在同一场雨中淋湿，怎么知道那场雨是不是冰凉刺骨、令人狼狈？于是我和她一条条分析起来。

是因为没有得到心仪岗位的内推，所以难过吗？——凌凌说，是因为自以为稳操胜算，结果却没得到那个岗位，在辅导员和几个知情同学面前失了面子。

是因为被信任的同学和实习单位的前辈在背后议论，所以难过吗？——凌凌说，是因为突然发现在很多人眼中，自己可能并不像原本以为的那样受欢迎。

是因为前途迷茫，面对理想和现实左右为难，所以难过吗？——凌凌说，是因为怕被人说有了工作还不珍惜，辞职考研变相啃老，做兼职插画师不过是小孩子的玩意儿。

问题已如白雪上的煤灰一样明显了，凌凌畏惧的不是生活中的琐碎麻烦，而是别人的指指点点。很多人都听过萨特《禁闭》中的名言“他人即地狱”，不能正确对待他人的目光，生活便将一片沉郁。凌凌显然正处于“他人目光的地狱”中。

我和她聊了许久，最终劝她：“不要去向别人索要力量，你自己才是力量的源头。”

后来，凌凌没有选择立刻辞职，而是先经营了一番做插画师的副业，有了一点名气后才走上了“边学习边画画”的路子。她和我视频连线时说，自己做着喜欢的事，有养活自己的底气，还能为了自己的理想而奋斗，不管最终有没有进入理想的院校，都不会为了这段经历而后悔。

“感觉自己就像一堆柴火，自己燃烧起来，不用别人给我光和热。”凌凌虽身上仍萦绕着疲惫，眼神中却有着灼灼的光亮。

偶然听到一句话：“人的情感，往往是孤独的。”

人生路漫漫，大部分路程是自己走的。我们身寄天地之间，不必与他人一样，也不必符合他人的心意，因为我们自己就是太阳，源源不断散发着热气，将光芒洒落在前路上。

03

自然，人往往“当局者迷”，我有时也会因为过于在意他人的看法而陷入苦闷之中。

比方迁居他城那回，我那挂牌为“曼珠沙华”，有着充满神秘气息的别名“彼岸”，实则是一株普通石蒜的“室友”又因水土不服秃了叶子。当初搬家时，我恐它路上有个三长两短，便揣着花盆上了公交，上了火车，上了大巴。

有不少人好奇地问我：“你怎么带一盆土？”

当我试图给“室友”正名后，人们的好奇转变成各种各样的声音，“不吉利”说、“小年轻爱出风头”说、“白费力气”说纷至沓来。

我早已不是初出茅庐的“小菜鸟”，但一路被“热心人”指点过来，只觉得哪里都有人在对着我们这对组合嘀嘀咕咕。

如果我种的是兰草或茉莉，是不是就不会引发这么多的议论？

如果我把花盆包裹起来托运，是不是就不会被围观？

是不是我心里确实藏着“标新立异”的念头，所以才固执地带着我的“彼岸”来出风头？

很多时候，人能够对别人指点江山，却唯独看不到自己已处于陷阱当中。

当我坐在通往新住所的车上，和“室友”相顾无言之时，坐在旁边的一位女士——她看起来年轻如“大姐”，神色中又显露出“阿姨”才具有的阅历和智慧——向我搭话了：“装着土可沉呢，不然你把这盆放在我们中间吧，我给你挪点地方。”

自然而然地，她最终还是问了“室友”的出身来历，然后实心实意地赞叹起来：“听起来怪有意思！它开的花是网上图片里那种大红色的吗？”

惭愧！我“室友”的历史成绩只有小花一朵，也不是正统“彼岸红”的红，但在邻座女士的捧场下，我还是借着“室友”打开了话匣子。

听罢我这一路的遭遇，邻座女士不由笑了：“你喜欢这一盆花，喜欢了就是喜欢，有什么标新立异的？我喜欢兰花，难道还要怕别人笑我装模作样、故作风雅？”

她的一番话让我豁然开朗。

汪曾祺《人间草木》中的一篇，写到路遇的一对老夫妇一边散步，一边时不时到草丛里去寻觅，原来是捡拾枸杞子玩。他们完全不理会别人的打量和揣摩，遇到人搭话也坦荡自若且意兴盎然地回应，鹤发如雪却有着孩子般的烂漫之心。

不知这对伉俪是否遭受过疑惑乃至嘲弄的目光，但想来他们应当不似我怀抱石蒜时这般如芒在背、如坐针毡，因他们是那样沉浸于闲趣，将生活酿成了仅供自己酌饮的甘醴。

人活一世，草木一秋，风露是我们自己的，花果也是我们自己的，与他人无关。

有些“战争”，注定单枪匹马参加

在这人世间，

有一处战场，

唯有你一人可以涉足。

01

“有的人说，成功的人，总有高人指点，有贵人相助，还有亲友在低谷时不离不弃。但其实，有些时候，有些事情，终究是属于一个人的战斗，他人是帮不上忙的。”

告诉我这番话的，是一次旅行时遇到的大姐。

初见时大姐话不多，后来逐渐打开了话匣子。虽然当时她的谈吐沉静而有力量感，但通过她的叙述，我勾勒出了一个更加伶俐外向的形象。

大姐始终是个热心肠，所以从学生时代到工作后从不缺朋友。

她也一直觉得自己有这么多好朋友，生活中即便有些挫折，有大家的相伴相助，一切都不会成问题，仿佛到处都带着甜味儿。

“当时以为绝没有过不去的坎。”大姐说完这句话停顿了一下，我便知道转折要来了。

果然，时光没有舍得收走她的青春，突如其来的变故却毫不留情地推她步入沧桑。尽管很多亲友帮助她、安慰她，但在并未言明的“那件事”中，大姐没有如以往一样赢下这场“战争”，因为“朋友和家人都没有放弃我，是我自己先放弃了”。

有些“争”，我们以为是与人争，与天地争，与时间争，但其实说到底，是与自己心底的懦弱颓丧交锋。

老舍先生在《可爱的成都》里写道：“一个人的生命，我以为，是一半儿活在朋友中的。”这话自是对友谊的满满珍视，但细细论起来，还透着另一重隐意——我们的生命，还有一半儿是仅仅依托于我们自己的，与他人没有任何关系。

或许换个说法更为妥当：来去孑然一身之人，总有一时半刻需要从他人身上获取慰藉，来度过难挨的时光；但良友满座、身处热闹烟火中的人，也总有那么一两个坎儿是要独自一人跨过去的。

在与内心的较量中，只能一个人战斗到底。

02

婷婷是名会计，学学考考占据了她生活中的很大一部分。有段时间，她又要备考又要面临公司劈头盖脸砸下来的各种闹心事，每天连一句多余的话都不想讲。

偶尔婷婷像一条缺氧的鱼一样悄悄浮出水面，在我们的聊天群里“冒个泡”，她的话语中总是流露出一种“紧绷”的感觉。有时她会克制不住地吐槽“加班不知道要到几点”“都来问，都来催，谁都不配合”“过两年再考算了”……然后又很快便将这些抱怨吞回去，继续忙个昏天黑地。

那会儿，我恰好在某篇推送文章的评论区里看到有人说“人生就是一个人的战场”，脑海里就忍不住浮现出婷婷：她是个战士——在她的人生里。

过了一阵子，婷婷忽然发消息约我出去按摩、吃饭。我欣然赴约，一见面便打趣她：“终于又以‘真人实体’的方式见面了。”

婷婷笑而不语，只是请推拿师傅好好帮她按按肩颈。一开始她有些亢奋，说个没完，将过去那些克制的言辞下掩藏的崩溃尽数吐露出来。趴了没多久，兴奋的劲头过了，深沉的疲惫席卷上来，她显而易见地开始犯困，直到在走去饭店的路上被不算温柔的冷风抽了两下脑袋才又振作起精神。

进了订好的包间，两小杯甜酒入腹，婷婷轻咳一声，做出一副要发表重要讲话的架势宣布："我考过了！"

其实从她约我出来开始，我心里就有了几分猜测，闻言自然连连鼓掌，接着请婷婷女士发表一下获奖感言。

婷婷一边畅快地笑着，一边感谢家人，感谢朋友，感谢小区邻居家逢人就笑的萨摩耶和老家会送她蜻蜓的狸花猫。笑着笑着，她的语气中多了些感慨："感谢所有给我力量的人和事，要是没有你们，也许我就在一次次动摇后把事情弄得一塌糊涂了。"

她玩笑般的感言里流露出诚恳的感激，那真心实意的感慨在我心头敲了一记。这时，我忽然想起旅行时遇到的那位大姐，忍不住认真地告诉婷婷，她还忘了感谢一个人：

"你忘了感谢自己——没有选择放弃的自己。"

曾经在一位喜欢动漫的朋友那里看到过一条空间动态："经过七重孤独，你才能够成为真正的强者。"

时隔多年，偶然品读尼采的"孤独论"，发现了"七重孤独"的源头，才忽然意识到，孤独才是人生的常态，尤其是当我们忙着对抗恐惧、怠惰、焦虑等情绪时，又或者面临名为"抉择"的人生岔路口时，这片硝烟无声弥漫之地往往容不得，也无法让他人涉足。

说到底，我们最大的敌人是自己，最强的战友也是自己。

03

人世间有一种怪象：谦和低调的人往往会忽视自己的价值，而以自我为中心的人也有可能放弃发掘自己的力量。人们总是目光向外，看天、看地、看人，却忽视了向内看看自己的心。

从前认识的客户维维一直和我保持着联系，有一天我们闲聊时提到了热播过的仙侠剧，她忽然说："'心魔'这个设定很常见，从《招摇》到更久远的《仙剑奇侠传》，有时候我们以为是出了个新的反派，看到后来才发现：'啊，原来不是什么仇家或单纯见不得别人好的坏蛋，而是从主角团里的某个人身上长出来的！'"

维维兴致勃勃地做了"著名心魔"盘点后，忽然话锋一转："我觉得我也有心魔。"

一开始我以为她只是说笑，兴趣盎然地请她"自视自省"，没想到维维一下子列举了好几个例子。

比如"自己的反复考量抵不过别人的一句话"，只要旁人给个建议，哪怕对方根本不了解自己，也会放弃更合心意的选项。

又比如"想要准备好了再好好生活"，一提到享受生活，就把那些美好的人生行程推迟至"攒够购房首付或升职加薪"之后。

不得不说，我着实大为惊讶，因为记忆里的维维并不是一个把自己看得"低入尘埃"的人。

维维告诉我，她小的时候父母总是说"你不懂，爸妈都会替你做的”“你不用管，该上学就上学，该上班就上班，该结婚就结婚，到时候就好了”。

“从心而言，我确实没有勇气主动承担什么、改变什么。也许我以为自己在‘静待时机’，其实只是等着‘到时候就好了’吧？”维维面色平静，如是说。

野兽的爪牙需要打磨才会锋利，钢铁的韧性需要借助锤锻来增强，而人作为造化的杰作，又怎能不经磨炼？可如维维一样，未曾被唤醒自主抉择、自行担当的勇气的人，在面对非教科书所能预见，也不与师长告诫相符的生活现实时，总归缺了独自战斗的底气。

心学大家王阳明先生曾道：“破山中贼易，破心中贼难。”仙侠、武侠作品里那个最为可怕的敌人——心魔，就在我们不肯独思、不敢独行、不能将自己的心境锤炼至圆满无漏之际悄然滋生并日益壮大。它像一株菟丝子，初时柔弱、不起眼，却悄无声息地从我们的身心汲取养分直至我们的心灵枯萎。

源自心灵的力量是持久稳定地推动我们迈向未来的重要动能，它深植于孕育它的灵魂之中，不易被岁月流逝和人世沧桑所轻易侵蚀。然若你始终不敢直面真实的自己，不愿承认自身的种种，那你将无法发掘这股由自己所酝酿出的伟力。

人世茫茫，人生漫漫，有些“战争”，注定单枪匹马参加，也唯有你自己能奏响凯歌。

爱自己的明媚，
也爱自己的破碎

曾有人对我说：“你应当全面清晰地认识自己。”

“然后呢？”

“爱自己。”

01

莉姐在高校就职，每每提起工作，总说和朝气满满的学生们相处，自己仿佛永远不会老去。可有一天她踌躇难言，犹豫了半晌方道：“你说，我是不是老了？思想落伍，不能体会现在的学生们的心思了？”

原来，这一届学生中有一名家境不佳而学习努力的孩子，经历如同“寒门出贵子，贫困生逆袭”的标准事例模板。

师者之心，看到一名试图通过学习改变命运的孩子，总会忍不住多关注几分。莉姐对这名学生颇多照顾，主动帮他申请勤工助学岗，时常留心他的动态，开导他、帮助他。

但人与人的思想和情感有时犹如篝火与寒冰般迥异，火焰在剔透的坚冰上映出耀眼的花朵，但这份温暖却难以穿透寒冰的冷漠。

莉姐的另眼相待最终没有酝酿出师生和乐的琼浆。以莉姐为师为长的心思看来，那名学生虽家贫然上进，必有作为，稍逊于人的出身更凸显其可贵；而学生有着敏感心思，只觉得旁人的目光都在自己的困顿处聚焦。

其实类似的“助人者和被助者”的故事并不罕见，莉姐平日行事也尽可能顾及学生的自尊心，唯恐表达善意却揭破孩子的疮疤。可惜，按照现在的流行说法，每个人都有自己的“雷点”，谁也不能摸清别人的“雷区”究竟是什么。

倾诉过这段以遗憾收尾的师生故事后，莉姐最终无奈地说：“这孩子要强，如果以后也一直这样敏感，日子会过得多累啊。”

美国心理治疗专家露易丝·海在《每一天爱自己》中写道：“生命从来不会卡死、停顿或腐朽，因为每时每刻都是崭新的。”

在漫长又匆匆、平凡且充满波折的人生路途中，如莉姐的这位学生那样敏感的人，可能在某段岁月中，无法爱上没有余钱买课外读物也不敢花费时间休闲娱乐的自己。但是，人生的河流滚滚向前，无论是否能将痛苦遗忘，是否能与苦难和解，总得学会给予自己的伤疤和缺陷更多温柔耐心的目光，才有机会看见新生的嫩芽。

02

听罢莉姐和学生的故事，我思潮翻涌回溯往昔，想起老家一位来往不多的妹妹。这位妹妹出身殷实之家，物质上并不缺少什么，却有一副消极自伤的性子。亲朋好友怕冒犯她，每与她交往多小心慎重。

前年春节我诸般事忙，未曾走亲访友，无意中发现她发了一条朋友圈："我与我周旋久，宁作我。"来不及细看，已被她匆匆删去。

我对着手机屏幕呆了片刻，思忖既然瞧见了她的动态，又值年节，或许该关怀一番，权当亲戚间的走动，遂发了条微信问候。

我们互道了声"和顺安乐"，聊了几句近况，她说起自己谈的朋友，似不经意般发过来一句："不耐烦我是正常的，毕竟我也挺不耐烦自己的。"

朋友圈里流星般消失的"我与我周旋久"从我的眼前闪过，我和这位妹妹的亲近是乡邻间的相熟，而非长久相交相知，见她这般说，我一时拘谨起来，不知该以怎样的态度回她。

输入框里的文字飞速落下又被快速删除，我斟酌着写下："你已经够好了，处不来的人大概就是没缘分。”

她在那边沉默了一阵子，接连发来一串消息：“我有时候怀疑自己有抑郁症，但有没有的，现在谁的心理没点毛病？我也懒得去查。”“我是个不讨人喜欢的人，我自己也不喜欢自己。”“像我这样的人，就算一开始别人愿意搭理我，时间长了，也被磨得不愿理我了。”“世上那么多好相处的人，干吗花那么多心思和精力在我身上？”

忆及从前与她相处的光景，联系她这番话语，我逐渐理解了她……

“我真是挺矫情的，大过年和你说这些，让大家的心情都不好了。”她又发来一句。

如果说一般人的心绪是一条河，那些幽怨愤懑纵掀起一时波涛，也终流去了；而这位妹妹的心绪却是一泊湖水，沉沉郁气淤积在心，难以泄去。

在许多长辈和同龄人看来，这样的孩子无疑是一个“净想些没用的”“别扭扫兴”的不合时宜之人，更糟糕的是，就连她本人也嫌恶这样的自己。

“郁结——自厌——更郁——更厌”，我在这位妹妹身上看到了一个难以脱身而出的怪圈，耳中恍惚听见她细微的呼救声。

想不起那天花了多少心思疏导安抚她，我想或许有些原本与她亲厚的人也在一次次帮她“消除内耗”中与她渐行渐远，而我也许有一天也会承担不起倾听者和安抚者的责任，任其往“自怨自伤”的泥沼中又下沉一些。

她唯有爱自己，才能完成自救。我这样想着，也反反复复在话语中传达这样的信息：“你得尽量爱自己。”

我没有从事法务工作的打算，却因这句话喜欢上了罗翔老师的刑法课程——“请你务必，一而再，再而三，三而不竭，千次万次，毫不犹豫地救自己于这世间水火。”

想来，社会公众需有行为法度，每个人的心里也应有自理自治之法，那就是审视自己、规划自己、保护自己。

有人会觉得单一的个体太过渺小而不重视，因而自轻又不肯包容自己。那么，我们不如将自己视作一个国度，将躯体之康健比作军力，将一己之操守等同风气，以更加宏大的视角赋予自己更浓烈的色彩，以更细化的自我梳理发现所有在枯败的枝叶和落红的滋养下萌发的新芽，以欣欣向荣的心灵气象来宽容我这一“国度”的破碎和阴霾。

在充满成与败、聚与散、热闹与孤单的人生征程中，所有的自我批判和自我提升都应当以“爱自己”为力量源头。

03

一个名为“焦糖”的网友曾分享自己的一些经历。

她说，她从小就是“讨好型”人格，认为所有的不足和错误都是自己的，“把自己踩到深渊中，看每一颗石子、每一株杂草都带着耀眼的光，而自己只敢迎光落泪，却不敢心生向往”。

后来她经历了很多分别，与朋友，与恋人……每一次她都会暗暗地想，是自己不够好，所以别人离开她是理所当然。

于是她愈发沉迷于网络，不愿意在现实世界中用自己的真实面目与人交际。直到一天，她偶然看到了这样一句话：“你有没有认真喜欢过自己，就像在一座废墟之中，千方百计搜寻并珍藏一块带花纹的断砖残瓦？”

“焦糖”说，她讨厌过自己超过一米七的身高，讨厌过自己不敢拒绝别人的请求，讨厌过自己看俄国文学的时候把一群“斯基”记混……“我就像一块酥糖，不仅一碰就掉渣，还黏糊糊的，不能如一粒干爽的灰尘一样被人轻松拂去。”她辛辣地点评自己，转而又道，“只敢辣评自己，可不敢议论别人。”

在本该潇洒恣意的年华，“焦糖”一心宽容他人却苛待自己，所幸她终于找到了自救的良方。

“我那时以为，拼命爱别人，别人才能向我伸出手，让我变得更好；后来发现，若我不爱我，我就不会爱人，别人也不会稀罕我的爱。”

读过“焦糖”的故事，我想起了和朋友看过的名为《深海》的动画电影。有过短暂幸福童年的女孩参宿，在生母断联、生父继母更关照新生幼子的家庭中逐渐丧失勇气、厌恶自己。在幻想的深海世界中，参宿的潜意识一次次向自己发动攻击，认定自己是招致“丧气鬼”的灾星。

朋友同我讨论，影片看起来是一个“拯救与被拯救”的故事，幻想世界中深海大饭店的南河船长、现实世界中为救参宿而共同坠入汪洋的“小丑”南河，无疑是她的救星。但细细想来，这也是一个女孩自救的故事。在象征着潜意识的幻想深海中，她曾做出追寻的努力，曾尝试抗击心中的“丧气”，她最终认可了被忽视的自己，成长为一颗能够承载他人愿望的星星。

王尔德说，爱自己是终身浪漫的开始。

或许我们疲惫、沮丧，是有裂纹的茶杯或缺了瓣的花朵，但这不妨碍我们珍视自己，爱自己身上那些“毛茸茸的小问题”以及所有使我们与众不同的缺口。

不惧人言，不自我伤害，做自己，然后爱自己。

别拿别人的地图
找自己的路

如果说人之初降如一张白纸，

谁才是最应当在上面勾勒线条、

填涂颜色的人呢？

01

在熏风未凉的夏末，我有幸在旅途中接连阅读了三本他人的“人生之书”。

“第一本书”属于被人唤作“阿云”的姐姐，我们有幸在青年旅舍偶遇。她比我略长几岁，我客气地称她“云姐”，她不好意思地连连摆手，最后我们还是互称名字。

阿云像个孩子。

这并非说她行事幼稚，而是指她的心态十分年轻。她总是活力满满，行动起来就如一阵清风伴雨，连带身边人也活泼起来。

我很好奇，她究竟如何做到已过而立之年还能有这样的好心态。

阿云想了想：“其实，这或许和我的成长环境有关。”

我洗耳恭听。

她似乎陷入了回忆，停顿片刻才叹了口气，沉声说：“从小到大，我父母都很忙……母亲是一名老师，希望我也做一名老师；父亲是名医生，希望我也做一名医生。”

“所以？”我凝神听着。

但故事的走向并不像某些不甚用心的小说那样，并没有“古板的长辈”，也没有“叛逆的孩子”。阿云故意停顿下来，见我的神情专注又紧张，忍不住笑了起来：“所以，当我说我不想当老师，也不想当医生时，他们就来帮我参详还适合做什么了。”

她的脸上洋溢着得意，眼睛亮晶晶的，似乎很是为骗过我而高兴，可爱到令人忘记了她的年纪。

阿云的母亲做了大半辈子的老师，她对阿云说：“当老师就是我生命里的一部分，我觉得做老师是最好的。但你又不是我，不必非要走我的路子。”

她的父亲则说：“啊呀，我希望你当医生你就能当成医生？那我从前还希望你考上‘清北’，硕博连读呢！‘我希望’没用，得‘你希望’才行。”

我听过很多源于真实生活的故事，故事里总少不了一个固执地对别人的选择指手画脚的“前辈”，不断为故事的主人公施加压力，要求他按照“过来人”指定的方向前进，俨然一座压在主人公肩上的大山。

而阿云的故事里没有那些令人身上发冷、心里一梗的情节。她背上没有山，脚下却有路——属于自己的路。

在与阿云结伴的日子里，我领略了她的生机勃勃，也意识到她并不是一个因为环境宽松、心灵富足而长成“棉花糖”的人。正相反，她有自己的见解，也有很强的行动力。

在我最后一次见到她时，她邀我去附近商场闲逛，并举起鲜榨果汁郑重其事地要和我“干杯”。

“我要离开了，”阿云说，“今天就算我们的告别仪式吧。”

原来，她要向我说一声“再见”，然后继续自己的旅程。

我问她离开这座城市的原因。我记得她提过，她是为了一个“机会”而来的。

这不过是一句没多少意义的寒暄，可阿云却认真回答我：“这机会不是我想要的，虽然依然是个好机会，但只是对别人来说是这样。”从她的话中我了解到，她口中的“机会”是很多人都劝其“把握住”的绝佳机会，但她放弃了，只因她意识到那“机会”与自己心中所想并不一样。

“人生可走的路只有一条，就是自己拿定主意要走的路。”相别已久，我至今仍记得阿云闲聊时说过的话，“参考别人的经验，和拿别人的地图找路是两回事，人得自己思考”。

这话实在令我受益。我尽管自诩“清醒”，有些时候却也茫然无知，不自觉地复刻了别人的道路，还觉得自己聪明地借鉴了别人的经验智慧。

然后在某个时刻，记忆忽然复苏，灵魂忽然清醒，便发现自己其实把力气耗在了不恰当的地方，而努力摘取的果实并不对自己的胃口。

02

在阅读“第二本书”前，我一直以为拥有一位明白并始终坚持自己道路的朋友，无异于给自己点了盏人生指路灯，但是这次偶遇的陌生人却让我意识到自身思路见识之局限。

在落脚的青旅后面，隔了一条街的地方，有一处供居民歇息乘凉的小广场。所谓“小广场”，不过两条长椅、一圈花坛、两三架健身器材，以及一块勉强够我这般身量者躺下自由翻滚的空地。这里常出没一只体态健美的大橘猫，伴着一位老太太。

老人家头发花白，烫着短短的小卷，一身齐整，说起话来有着长者特有的通透。两人一猫的“偶遇”次数一多，老人家率先开了话头，告诉我这样一个故事：

有一对从小一起长大的密友，一个内敛稳重有主意，一个活泼开朗又积极。稳重的姑娘觉得家里人中意的医生、老师等职业并不合自己的心意，于是从上大学前就暗自规划创业，后来借助大学平台在毕业前取得了一番成就。开朗的姑娘对朋友佩服极了，想要像她一样干出一番事业。

“你是不是觉得，开朗的姑娘学着好朋友不屈不挠、行事有章法的样子，也有了番成绩？”老人家笑了笑，话锋一转，告诉我接下来的发展。

开朗姑娘想和好朋友一起打拼，于是加入了稳重姑娘的团队。但朋友创业团队往往成也友情，败也友情。在创业合作演变到更糟糕的境地前，一对朋友静下心来谈了谈，开朗姑娘主动退出了。

友情保住了，开朗姑娘的心中也埋下了更浓厚的不甘和向往，铆足了劲头要闯出一片天地。她想要和朋友在不同领域中竞相争辉，在不同细分赛道上互为犄角，于是贸然扎进了其实并不十分适合自己的商界。

开朗姑娘是老人家的孙女。见孩子创业失败后不敢联系昔日的朋友，也羞于回到家中，老人便打算卖了自己位于中心地段的房子帮孙女重整旗鼓，自己则搬到了小广场附近的老房子里。

“那个孩子听说了这事，不知道该怎样开口，想借我的名义转给我孙女一笔资金。那孩子也正难着呢，哪能要她的！”老人家伸出手慈爱地拍了拍橘猫晒得暖融融、金灿灿的背，不见消沉，反而颇觉荒诞好笑似的说：“原来向品学兼优的好朋友学习，竟还能学到这样的地步，弄得像一出戏似的……”

有些时候，有些人会因身边人的光芒过于耀眼而看不清自己脚下的路。

人们都说读好书如逢益友。著名作家余华老师在谈到自己的阅读感悟时说，树木在阳光的照耀下成长的时候，是以树木的方式在成长，不是以阳光的方式在成长。

一位益友当然可以被视作我们生命里的一缕阳光，与书籍一样将美好的德行、动人的情感和充满智慧光辉的经验传递给我们。我们可以迎着阳光生长，却不能强求自己变成阳光的模样。我们可以是草木，汲取太阳的温度成长；可以是江河，借阳光的照耀披上粼粼的波光；还可以是无形的风，伴随着阳光在大地上自由驰骋……

但我们终究要明确自己的身份，走自己的路。

03

“第三本书”来自青旅的老板——一位和蔼可亲的女士。在我将要告别这座宁静的小城时，老板本要请几位与我相熟的临时邻居为我饯行，但因为大家各自都有忙碌的事情缠身，所以订了些奶茶小吃单独约我去了露台。

我们此前并没有很深的交情，临别前也只能天南海北地闲谈一通。老板得知我是外出采风，十分积极地表示要给我提供一个真实的“反面素材”：

当年，她身为一个喜欢尝试新鲜事物的学生，在喜欢扮酷耍帅的年纪和“好朋友”们学会了抽烟喝酒逃课，甚至在听到家长宣称“再这样不如辍学打工，总比混社会强”后，更是骄傲地觉得自己整个人都在发光。

听到这里我免不了感到惊讶，虽然人生故事出现翻转也属正常，但看着老板现在和善温柔的样子，着实想象不出她曾经“混过社会”。

“其实那会儿只是看大家又是吸烟又是喝酒的，觉得不这样做不合群。和他们合了群之后，他们就开始主动劝我逃课。”老板吸着奶茶里的椰果，扭过脸去看露台边上的花草，“就是那套话——‘大家都逃过课，你不逃课就不带你玩’之类的，感觉和现在说‘学生没早恋过、没翘过课校园生活就不完整’一个样，不过他们不会把话包装得这么好听。”

“后来呢？”

“后来他们想去一个厂区的仓库偷东西。”老板含蓄地笑笑，“我那时候虽然不聪明，也没傻到底。”

我冲老板竖起大拇指，称她明智。

老板摆摆手：“别捧我，我知道自己当时心里纠结了多久，要是真聪明，可不至于差点儿就跟着摸进仓库。”当时来家访的老师提起这件事时说，那些人本来不打算带着老板，但其中一个稍年长些的人出主意，要是被人发现了就让身为女孩的她装可怜求情，才叫上了她。

后来的结局尚算圆满：库房没有失窃，被大人们提前拦截下的“同伙们”有的在学校里老实下来，有的断了音讯，再没出现，而年幼的老板挨了顿骂，成了“浪子回头”的典范。三年五年、十年二十年后，成熟起来的老板凭借一股“闯劲儿”有了自己的营生，偶尔和谈得来的房客闲聊，说一说自己差点走上的岔路。

“生活就是你的艺术，你把自己谱成乐曲，你的光阴就是十四行诗。”在《道林·格雷的画像》中，王尔德安排了一位典型的享乐主义者亨利勋爵诱导道林·格雷享受“堕落的生活”。道林·格雷盲从于亲近之人指出的道路而沉沦，最后善心一显才没有使生命在彻底的罪恶中画上休止符。

人生一世，万般诱惑，有时是我们主动迈出试探的脚步，有时则是受惑于他人发出的引诱低语。就如青旅老板年幼时的经历，她曾向往其他人自由叛逆的生活，也有人主动伸出手来试图将她拽到泥沼的更深处，而无论主动抑或被动，一张通往晦暗处的地图都落在了她的手上，走与不走，全在她自己。

细细想来，我们的内心时常会听到一些声音：别人在摸鱼，别人在吃零食，别人打算去美美度假，我也放松一些吧，这算不上懈怠放纵……看到图书馆里邻桌放下书本，办公室内同事的手机屏幕亮起，我们不知不觉比照着他人的轨迹行动，而忽略了自己本该保持怎样的步调。

千万不要拿别人的地图来走自己的路，只有亲手绘制自己的地图，才能指引我们走向真正的归宿。

你可以做自己想做的事，和大多数人不一样也没关系

正是差异使世界有了你、我、他、她之分。

每个人都是独特的个体，

请允许自己和别人不一样。

01

家里有一位长辈，我见面要叫一声“姑姑”，名讳里有个“佩”字，据说是奶奶老家沾亲带故论下来的亲戚。前几年奶奶的身体突然不太好，我与这位佩姑姑在老人家的病榻前重逢了。

久不联系的亲戚们来探望奶奶，我们自然要请亲戚们吃饭。回到老家面对一群“熟悉的陌生人”，除了问问“孩子在哪儿工作”“成家了没”，似乎就没有额外的话题可聊了，所以餐桌上人们交谈的热点很快发展为我“连个对象都没有”。

正当我被搅扰得不能安心吃饭时，佩姑姑向我投喂了一筷子爽

口的小炒，对满桌的我那些叔伯姑婶说：“小年轻有自己的想法，我们都过时了。”

“大家都要结婚，她现在年纪小，想不明白……”

“大家都结？我就没结！她一个三十来岁的没想明白，我一个五十多岁的也没想明白？人家想干什么就干什么！”

佩姑姑的这番话出口，饭桌上的话题被迅速更新。早年佩姑姑从议论她的人群中从容穿过的旧影和我走进奶奶房间时看到的病榻前的影像融合了。

我从外面进来时，佩姑姑正坐在奶奶床前。奶奶恰好又能认出人了，但她的眼睛不太清亮，用干瘪的嘴唇嗫嚅着问：“小佩啊，你好不好？”

佩姑姑抚着奶奶放在被子外的手，以十分镇静的口吻回答：“好着呢。”她的身体为了方便交谈而微微前倾，瘦削的背像一枝竹，虽现在弯着，但能使人联想到竹枝弹起后的挺拔。

在姑姑那一辈里，她是十分不合群的，不仅不结婚，还辞了“铁饭碗”，独自旅行，四处漂泊，一把年纪了还学东学西甚至上了老年大学。很多亲戚在谈论她时会自然带出一种难以言喻的氛围——她是异类。但已经很久没有人用怜悯夹杂嘲讽的语气说她“没家没业”了，因为她显而易见地快乐、健康，并将无谓的议论当作耳旁风。

某档辩论节目的收官辩题是：“我不合群，我要改吗？”里面有一个说法我觉得非常有趣：俄罗斯方块告诉我们——合群了，也就消失了。

有人说，隐藏一滴水的最好办法是流入大海。如果我们汇入人海做一滴水，和周边无数滴水看上去几无差别，我们能用什么来辨别自己究竟还是不是自己呢？

一个完整的人，应具备形体、记忆和情感；一段完整的人生，应当有始终，有经历，有自己的思与悟。

试想，如果我们的穿着打扮是在大多数人中流行的风格，我们的日常生活也像大多数人一样，不过是起床、吃饭、工作、看电影、刷手机……做事讲话也和大多数人一样，每天都在一点点修正自己与他人的差异，逐渐抹去了自己灵魂的色彩……人们的个性都统一了，又何谈个人价值和吸引力呢？

02

小侄女的幼儿园组织一场活动，邀请了有兴趣参观的家长。侄女所在的“青苗苗班”为了更有氛围感，租了统一的小礼服。临登场前，不知怎的，小侄女的服装被弄坏了。

老师说小侄女自己的小裙子也很好看，就让她穿着自己的衣服上场了。小朋友们在舞台上又蹦又跳很尽兴，小侄女也很高兴。事后，嫂子选了几张活动照片发到朋友圈，有人评论说：“你家孩子的衣服怎么看着和别人的不搭呢？”

嫂子提起此事，脸上露出些不快的神情。一个周末，她带侄女出去散步，恰好穿着演出那天的衣服，遇到了一个认识的人，那人用逗弄的语气对侄女说：“你们幼儿园活动穿的衣服，怎么就你的不一样？”

“本来高高兴兴的，就是小孩子玩玩而已，一个两个都揪着衣服的事儿不放，随口一问也就算了，还当着孩子的面故意说！”

我瞧了一眼侄女午睡的房间，小声问：“后来呢，你怎么说的？”

“你侄女那小嘴一张，哪有别人插话的份儿！”

原来，侄女直接反问了一句：“我为什么一定要和别人一样？”对方再逗她，她就若有所思地说，原来大人都想成为“小糕糕”，都是用同样的模子扣出来的，并表示自己只有想偷懒的时候才用模子，用心捏出来的糕糕每一块都不一样。

我忍不住给小侄女喝彩：“果然，‘00后’整顿职场，‘10后’整顿社会！”

童稚的孩子未经社会的规训，自由的天性和单纯的心思混合在一起，没有打磨棱角以使自己合群的意识。所以当面对外界“你和别人不一样”的声音时，他们才会坦然地说“对啊，不一样”，而不是遮遮掩掩或故作不同。

不得不承认，小侄女的这一番“糕论”也刺激了我一下。我有过刻意强调自己与众不同的阶段，也被动或主动地接受过“人情世故”的打磨，最终，我成为一个只在独处时才尽情地释放真我之人。

张爱玲和林清玄都发表过关于玫瑰的见解，他们都认为，喜欢一朵玫瑰，就得包容它的刺。

我们可以多花心思来协调“刺和拥抱”的问题，也可以维持稀奇古怪的形状并拥抱自己，反正宇宙不会因为你和我不一样而消亡，只有脆弱的小心脏才会在觉察出“刺”存在时怦怦乱跳。

人在生长中固然不可避免地会为社会和他人所雕琢，但糕点尚可以随心塑型，我们作为有思想的个体，又何必都在同一个模子里挤一遭？

03

“大家都说，不是我说；大家都觉得，也不是我觉得。”第一次听到思琦这番话，我非常惊讶。因为她眉眼温柔、气质温润，非常符合我印象中的“水乡佳人”形象。

思琦的脾气也好极了——这是熟人们公认的，大家甚至总忍不住担心她太好说话会受人欺负。

可相处久了，便发现思琦并不是一个容易被人左右的女孩。在不被“大多数人”所裹挟这方面，她其实比我们很多人都要出色。

认识到这件事，缘起某次我去她的居所做客，看到了满墙满柜的手工制品。

思琦喜欢做手工，在网上发现各类DIY材料后更是一发不可收，经年累月做下来，她的手艺在我这种“手残党”看来堪为天人。

在我们闲聊时，思琦顺手将点心盒子上的丝带解下来，在手指之间左缠右绕，穿插往复，单薄的丝带在她的手下逐渐有了花的形状。我羡慕且敬佩地看着她，话题自然引到了她的小爱好上。

思琦很高兴和我谈论她的热熔枪、花片和珠子。

她说，自己这些成果相当于用钱堆出来的。她要买教程教材，要提升审美，了解背后的艺术文化知识，更重要的是买材料练手。

有人劝她不如去学瑜伽、绘画那种“很多人都喜欢，说起来也体面”的业余爱好。思琦总结了对方的意见，为自己热爱的手工被评为“没个大人样”而颇为不平。从结果来看，“很多人”的看法并没有影响到她。

后来她学有所成，有人见她的成品漂亮，劝她开个网店或做个网红博主。

“有这本事不用来挣钱多可惜”“现在谁不开个账号做自媒体”，甚至就连思琦家里人见了她的作品，也要把这两句话拿出来说说。

“你想让它单纯作为兴趣爱好？”我问。

“是啊，这就是我的爱好，和别人没关系。别人什么样，也和我没关系。”思琦冲我眨了下眼，“其实，某些瞬间我也有一点点动摇，因为很多同好，包括和我一起做手工的搭子，都开了账号做博主。可‘很多人都这样’，我就要‘这样’吗？那我又成了什么样呢？”

曾听得一番妙论：“泥沙俱下时，人人推崇珍珠；可在一把珍珠中，鱼目却要受到嘲笑。”彼时大伙都笑言“少抬杠”，现在想来，这话或有几分“不辨黑白”的诡辩之嫌。

然而抛开人类文化赋予其各自的意义，鱼目仅仅是鱼目，珍珠仅仅是珍珠，它们只是在做自己，并没有贵贱之分。

人的行动许多时候也并不涉及是非优劣，只是单纯凭各人喜好罢了。所以，就去做你喜欢的事情就好，哪怕和大多数人不一样又有何妨呢？

2

这个世界有一种谎言，就是你不行

这个世界有一种谎言，就是你不行

你是不是曾经听到他人对你说“你不行”，

就干脆在原地徘徊不定？

你是不是曾经对自己说“你不行”，

以此来掩盖“不去做”的懒惰行径？

01

长这么大，我听过不同场景下熟悉的、陌生的各种声音说过“你不行”，其中印象最深的有两回。

一次是我们小区的两口子吵架时说的。或许他们算不上是吵架，因为双方的情绪尚算克制，只是嗓门属实不小，令人担忧下一刻就会看见窗玻璃被震碎。

当时我正走在小区里，三月的大地已吐露出些微的绿意，我下意识买了很多绿菜。走到租住的单元楼前，我一手拎着沉甸甸的袋子，一手从背包到大衣口袋四处摸寻门禁卡，忽听从某户窗子里传来“咚”的一声。

男声：“你行吗？你根本不行！”

女声：“我没干过我不知道自己行不行，你也没干过张口就说我不行，说话不用负责任吗？你以后可得少说话，张嘴都不保真，‘315’打你一打一个准儿！”

女子干脆而犀利的一番话尾音刚落，便从我侧后方响起哄笑声，三五行人纷纷仰头望向传出连珠妙语的窗户。确实快到3月15日“打假”的时候了，这个“三月笑话”就此清晰地留在了我的脑海里。

我去参观高校时，偶然听见一位老师讲起“达克效应”，是说能力欠缺的人往往沉浸于虚幻的优势中，高估自己的水平而无法客观评价其他人的能力。

虽不知道那两位邻居究竟为何起了争执，但单听女子的言论，感到确实有道理。那些断言“你不行”的人，往往对你将涉及的领域和你的能力所知不多。你若听信了他们基于自己“虚幻的优势”发出的评价，岂不是主动走进了他们为你编造的劣势幻境？

苏格拉底说“知道得越多，越觉得自己无知”，但在现实生活中，很多人却是一无所知反而敢侃侃而谈。

大多数情况下，他人对你做出的否定评价，既不客观也不切实际。而你若将这些虚假错谬信息当作养分来汲取，一个有活力的灵魂也许便就此枯萎。

别被他人的言论所左右，毕竟你活在真实世界里，而不是别人口中。

记住，你的生活需要有人指点，但不需要有人指指点点。

02

另一次是听路上偶遇的一对母女谈论“你不行”。小女孩或许有十一二岁，正语重心长地劝慰着自己的母亲。

父母劝告教导孩子的事情并不稀奇，但孩子用成熟恳切的话语劝慰父母的可不多见。这幅场景自然引起了我的注意，那稚嫩的声音一下子溜进耳中。

女孩儿说：“妈妈，你不要总说你不行！以前幼儿园老师经常让我们试试把‘我不行’换成‘我行’，现在小学老师也常常对我们说：‘你是做不了还是不想做？’所以你是真的确定了，自己不管准备多充分、多努力都做不到吗？”

当时我们坐在一家冷饮店里，那对母女相对而坐，母亲几乎完全背对我，我一抬头只能看见女儿露出的半张小脸。我可以看到女孩圆润的脸上满是不赞同的表情。

那位母亲的声音不似童声那般明亮清晰，因此差不多的距离和音量，我能完全听清小女孩的话，但母亲所说的内容听起来却模糊不清。女孩的母亲应是提到了某人，这个人说她不擅长这方面；又提及另一个人的意见，那个人说她做这事性价比不高，与其劳心劳力不见成果，不如做点出成绩快的。

母亲说了半晌，女儿静静听完，说："他们说你不行你就信，我说你行你就不信？"

"不是信不信……"母亲含糊地回答。

"不是'信不信'的问题，那是'想不想'的问题喽？"女孩蹭到母亲旁边，揽着妈妈的肩膀轻轻晃了晃，像抱怨又像撒娇地说，"或者你先想想你是不是愿意，这是不是一个很好的机会，然后再说能不能做到。"

这时母女俩点的小吃和饮品出餐叫号，这场罕见的母女谈心中止，我也休息好，要离开了。我一边走出店门，一边忍不住回味小女孩说的那几句话。

孩子们通透的想法，总能给我这个自诩"见过世面"的成年人带来一些震撼。仔细回想，我也曾对身边的人"诉苦""我不行”“大家都说我不合适”“果然我做不到”……诸如此类。借着他人的否定来自我否定，以此将自己的懈怠和畏惧修饰成另一番模样，让不作为和失败成为轻飘飘的“没办法的事”。

正午的太阳猛烈，出了冷饮店没走多久我又躲进商场蹭空调。逛了一阵子，迎面走来母女两人，小女孩一开口我便听出正是之前在冷饮店遇到的那对母女。

短暂一瞥中发现，母亲有一副温和面孔。或许我先入为主，觉得她的性格不太主动，和她的女儿一静一动，刚好互补。

母女俩从我身边走过时，女儿活泼有朝气的声音正说着“我陪着你，反正我也要看书写作业”，母亲轻笑应答。母女俩相携而去，如一对密友，留给我颇多感触。

我将这件事讲给朋友听，朋友说了一句令我铭记至今的话：“‘你不行’往往意味着自欺与自弃，留下惨烈的、一时难以被你觉察的伤口。”

因为“你不行”，所以“尝试”成了鲁莽，“坚持”仿佛愚钝，不敢迈出向前的第一步，或在望见终点前迷了路。

我们既非圣贤之人，也非全知全能，总有迷惘、懒散、退缩回避的时候，会被他人的评价左右了判断抉择，还以此心安理得地驻足不前。如果从环境到我们的内心都充满“不行”的谎言，那么我们的人生将成为一场荒诞的悲剧。

你可以蔑视一切怀疑你、质疑你的力量。如果纷繁嘈杂的声音吵嚷着予以你否定，请你回顾往昔的期许和憧憬，清晰地审视自我并呼唤内心深处的力量：我愿行，我将行，我行必至！

永远不要试图
让所有人都理解你

纵然无数次经历自我怀疑，我仍然会重新爱上自己。

因为我很好，并将变得更好。

01

前段时间，沉寂许久的小学同学群突然活跃起来，大家纷纷倡议聚会。有人提议“找回从前的感觉”——从前班级有班服，这回聚会要穿差不多的衣服；从前班级纪律要求统一喝白开水，这次聚会也要统一饮品。

想法很有趣，但操作起来实在是有点困难。比方说饮品，就引发了一场“热议”。有人表示：“不理解爱喝茶的人，茶水究竟有什么好喝的？”有人当即反驳：“我还不理解你们喝咖啡的呢！”结果唯有普普通通的白开水最能获取同学们的一致认可，毕竟大家还不至于质疑“谁要喝白开水，人怎么会喝白开水”。

这番探讨使我想起此前另一批同学聚会时一位老同学的故事。

这位老同学从小就有一颗只给自己打工的雄心，自主创业几年后，公司经营得比较稳定了，需要扩大队伍，拓展新业务。

那天酒至半酣，老同学对我吐槽，说有个岗位在团队里相当于“黏合剂”，但这个岗位的员工因家里有事离职后，再招来的偏偏接二连三都是些“刺头”，团队老班底总反映与之磨合困难，最后好不容易留住了一个，能力也还算可以，但总感觉和原来的员工比起来不够出彩。

我安慰他说：“人才总有棱角。而且现在这位新员工的能力、性情等各方面都可以，是一位均衡型选手，谁说就不算是一种人才呢？”

我并不清楚老同学的那个岗位究竟需要怎样一个人，但若仅从“让多数人说可以才可以”这一点来看，或许只有既无与众不同的观点，也无鲜明脾气的“普通人”才能胜任吧。

在网上看到一个问题：“当你能理解所有人的时候，是不是意味着你失去了自我认知？”

我忍不住反过来想：如果你能被所有人理解，是不是意味着你拔去了刺、磨掉了棱角、擦除了色彩，消除了一切可能招致非议的地方，掩埋了真实的自我？

骨头太硬，早晚会硌了别人的手；能发光，难免会刺了别人的眼。

并非人心皆狭隘，见不得他人的锋芒，只是人的立场不同，认知也不同，便使得那些绵软无刺的人往往更能避免批判意见。

02

初入社会的年轻人棱角尚存，往往被前辈们评价“锋芒毕露”。

彬彬是个很有个性的人，有话就要说，有事就要做，干脆利落。我与她曾一起合租过一段时间。

一天，彬彬很晚回来，发消息问我睡了没有，说自己没带钥匙。我听她的语气有异，飞奔出去打开大门一看，果然她喝了酒，额头顶着墙壁，似乎要睡着了。

好不容易把她拖进屋里，用养生壶煮点花果茶给她喝下去。过了一会儿，她清醒了点儿。

原来，她的小组里有个资历老的同事一直不太喜欢她，经常阴阳怪气地和她说话。不过其他组员都还算好相处，领导对她也算和气。但小组今天聚餐竟然没有一个人叫她，不小心被她发现了，他们才顺势邀请了她，还说当作团建了。

组里只有她一个人是新来的，老同事们想自行聚一聚也正常。她一开始推辞了，但大家热情洋溢地一再邀她，她也就跟着去了。

不知道是不是心里有了意见，她再看组员们感觉不一样了。那个资历老的同事又在饭桌上阴阳她，其他人也只是和稀泥、拉偏架，甚至原来看起来很器重她的领导也说出“年轻人有的是机会，不要忙着出风头，沉淀自己才有更稳健的核心”这样的话。

领导不理解她，那么和家人倾诉呢？

“领导的话有道理，以后长点记性，别急着抢风头。”彬彬复述了妈妈对此事的回应。她嗓音干涩地说：“可我并没有刻意在组里揽活；而且谁帮了我，我从来都写得明明白白；觉得自己没做太多工作的时候，我会感到不好意思，让他们别带上我的名字。”这一刻，义愤填膺的她感觉仿佛全世界都不理解自己。

周国平《人与永恒》中有这样一句话：“被人理解是幸运的，但不被理解未必不幸。”

以他人的反应来判断自己的价值，只会使自己陷入可悲的境地之中。比起尽力争取被更多人理解，不如努力去做应做的事，成为一个无法被轻易替代的人。

事实上，我们每一个人都应当活成独一无二、不可替代的样子。

改变生活
不如先改变自己
改变自己就是在改变生活
像大人一样生存
像孩子一样生活
好起来的从来都不是生活，而是你自己
夏天 · 著
人间万般不值得，但你值得！
新世界出版社 NEW WORLD PRESS
无论多大，
愿你都能一直热爱童话、英雄和魔法
永远好奇，永远纯粹
不管几岁，快乐万岁
夏天 著
像大人一样生存，像孩子一样生活
永远保持童心，
就不会变成无趣的大人
成熟和天真并不冲突，
保持童心可比保持野心厉害多了！
新世界出版社 NEW WORLD PRESS
In this unpredictable life,
be sweet and happy!
生活奇奇怪怪，你要可可爱爱
夏天 著
大胆点生活，
你没那么多观众！
把自己哄好，
远比迎合这个世界更重要。
所以，请你快乐，
在任何时间、任何地点。
新世界出版社 NEW WORLD PRESS
你的最爱
Make Life More Brilliant
若你决定灿烂
山无遮 海无拦
大麦 著 By Damai
请你务必，千次万次，
为自己挺身而出
新世界出版社 NEW WORLD PRESS
打工而已，别太上头
不『摸鱼』也不内卷，不唯命是从也不『摆烂』
八小时内求生存，八小时外求发展
工作只是手段，生活才是目的
拒绝『班味』，禁止内耗
宁檬 著
新世界出版社 NEW WORLD PRESS
Respect All Voices, But Be Yourself
外界的声音都是参考，
你不开心就不要参考
听一万种声音，但只成为自己
大麦 著
把生活调成自己喜欢的频道，
别人的建议仅供参考
生活是自己的，与他人无关
千万不要拿别人的地图找自己的路
新世界出版社 NEW WORLD PRESS

03

和彬彬不一样，杳杳——我曾经的“City Walk（城市漫步）搭子”——是我见过的同龄人中少有的有锋芒又稳得住的人，我们称其为“长刺的水豚”。

大学毕业后，杳杳选择去大城市打拼，周围人都劝她留在老家，没必要这么辛苦要强，但她还是坚持了自己的想法。

几年后，繁忙的工作侵蚀了她的健康，她决定带着积蓄去一座三线小城，过简单的生活。这个决定又招致了身边亲友的一番批判，认为她没本事才被公司淘汰，不听人劝才熬坏了身体。

细细碎碎地听了杳杳的这些“家事”，我替她感到压抑和无奈。可杳杳的脸上始终挂着温暾的笑，她说：“没有谁能始终理解别人，也不可能所有人都理解你。”

杳杳所听过的这些话，大概很多人都曾听过。

品行、能力、梦想追求，只要有一星半点与旁人的认知不符，便可能迎来劈头盖脸的质疑声，原本的热情、鲜活、个性被这些质疑声所消磨。而杳杳面对这些，总是会沉静地说：“我觉得我自己很好。”

知音说与知音听，不是知音莫与弹。

就像有人说的，没必要让所有人都知道真实的你，也没必要让每个人都了解你是什么样的人。懂你的人自然会懂，信你的人自然会信。

何必试图争取所有人的理解？我们大可以将那些因认知不同而生出的质疑声当作过耳清风，心中坚定地认为“我很好，我不怕做个有刺的人”。

跟自己作对，
才能把难题做对

生活是一场漫长的旅途，

最难以跨越的山河是我们自己。

01

当年初入职场，心里一半是向往和冲动，一半是谨慎和退缩，所幸我的带教导师是位情绪稳定、信念坚定的姐姐。

在公司里待得久了，也多了几分见识，我意识到我们上头的一位小领导并非“要求严格，力求手下化虫为龙”，而是习惯于打压下属，在一些不大不小的事情上找麻烦、耍威风。

说来丢人，我觉察出小领导并非真的为自己好后，比被其挑刺找碴还感到伤心，几乎要以泪洗面。看到我的消沉，带教姐姐约我去了一家湘菜馆。刚在嘈杂的食客群中坐定，她便直截了当地开口道：

“第一，你有些工作确实做得还不够好，没人管的时候不是问题，有人来管就是送到人家手里的把柄；第二，他大部分时候确实是故意找碴，你应该知道那是他的问题，不是你的问题，你不需要为此惭愧、苦恼、自我否定。所以说到底，你要斗，但不是和别人斗，而是和自己斗。”

带教姐姐的这番话给我注入了很多勇气，我找回了因境遇骤变而迷失方向的自己。静下心来，我发现小领导在带教姐姐面前总是会更和气些。这种和气不是发于尊重或温柔，而是基于“底气不足”，因他的为难只会为带教姐姐查漏补缺，他的攻击也从不能动摇她分毫。

据我观察，带教姐姐的工作很少能被人挑刺，一些问题只能被归为“主观意见不统一”，而她和人沟通起来总是四平八稳、有理有据的，即便小领导这样的找碴专业户说出一些令人火大的话，她也只是将有意义的部分吸收，淡定地表示“我对你说的这一部分持肯定态度”，其他的皆是过耳清风。

而私下里，带教姐姐是一个很“卷”的人。不过她的“卷”并不给别人制造焦虑，她只是日复一日默不作声地提升自己，一次次在熟悉或陌生的领域自我超越。

有时候，我能从带教姐姐的身上感受到一些压力。与小领导咄咄逼人造成的令人失眠、脱发的压力不同，她带来的压力感是厚重宽和、令人信任的。我想，这是因为带教姐姐将更多的心力放在与自己斗争上。她从不针对谁，不搞任何令人厌恶的竞争，只将自己当作一座山、一条河来跨越。

有人说：“人生最难得的，莫过于做自己；最难的，莫过于超越自己。”

随着阅历愈发丰富、思想更加成熟，我们就会发现生活中有些难题可以暂时搁置，可以通过借力打力的方式解决，也可以巧妙地远远绕开，没有什么难关过不去，也没有什么难题非解不可。

但人的心里藏着一个必须战胜的对手，那是一座不能绕行的险关，是一片不容退缩的滩涂。唯有坚持抗争，你才不会沦为漫无目的、随波逐流的浮萍。那个对手，正是自己。

人的一生是一场旷日持久的战斗，这场战斗的核心是“我”与“我”的斗争。如学生考场失利，要对抗的不是劝学的师长或客观存在的考试制度，而是偏科、懈怠、马虎大意、不清楚理想目标的自己；如成人感觉生活压力沉重，要对抗的其实也不是上涨的物价、离谱的通勤距离，而是无法改善生活环境又无法调节心态的自己。

外界挑战虽多，但最关键的“战争”，是在内心深处打响的。

02

后来我换了工作，四处辗转，带教姐姐的话始终伴随我走南闯北。若说在第一家公司所经受的那些苦闷都算她这堂课的学费，我深觉值得。

在另一个公司，我逐渐和自己的直属领导“混”熟了。一个周五的中午，他带我出外勤后找地方吃饭。下午没什么要紧事了，我们这顿饭吃得不紧不慢，他的话匣子就打开了。

领导说，其实一开始面试的时候，他感觉我的专业和另一位求职者的专业比起来不是特别对口，但他最后还是选了我，因为他觉得我“是一个不怕难的人”。

这话叫我有点脸红。旁人看不出我心里有过多少动摇、多少胆怯，我自己可是心知肚明。不过是天生要强，又受了高人点拨，因此总不肯向自己低头罢了。

随后的聊天中，直属领导告诉我，他的女儿比我略小几岁，独自留学在外。当时她恰好有了创业打算，一边攻读学位，一边四处体验、偷师、调查市场，说趁着留学机会先看看国外的行业情况，然后再回国发展，事半功倍。

为此领导和女儿起了争执。他觉得家里条件还不错，就这么一个宝贝女儿，实在不必小小年纪到处找苦吃。

但女儿觉得安逸的生活会把自己养成一个“废物”，而且“挑战自己本来就是一种乐趣”。

领导说：“你和我姑娘是两种性格，但脾气硬这一点很像。”他跟我说，他女儿曾给他寄了一封信，写了些平时不好意思说的心里话，想着万一信寄丢了，就干脆当什么也没说过。

说到这里，领导忍不住笑了，我也通过这一可爱的举动想象出了这位素未谋面的女孩的神情。

那天中午，领导跟我聊了很久，关于他挑战自我的女儿，关于他对公司年轻人比如我的看法。他说：“我不觉得有人爱吃苦，可看到年轻人不怕难、不怕苦的样子，又觉得生活都亮堂了。”

我笑着纠正他：“不是爱吃苦，是敢和自己较劲儿。”

人生是一场与自己的搏斗。我们可以暂时软弱和畏缩，但不能永远止步不前。

要像第一份正式工作中带教姐姐告诉我的那样，“能力差就提升能力，缺自信就增加自信，你要对抗的永远是还不够好的自己”。

当然，带教姐姐口中“不够好的自己”并非着意叫人低看自己。随着这些年“见了更多的世面”，我很明白她的意思，我们要和懒惰的、懈怠的自己相抗争，也要和自卑的、忧惧的自己相抗争。

我们和自己作对的目的，不是击打自己直至跌在地上，而是锤锻我们的筋骨和心灵，让自己拥有冲破难关的力量。

03

我刚到这家公司时，只做个“打杂的”，大事找不到我的头上，因此虽然公司氛围紧张，我还有时间和隔壁公司据说是某领导的小女儿交上了朋友。

小女孩大概十三四岁的年纪，是大人们或许觉得不讨喜的性子：又倔又孤僻，不爱说话却很有主意。我却挺喜欢这个女孩，因为她会在我“晕电梯”时板着脸丢给我一枚小橘子。小橘子皮紧、肉干，但剥开皮后芳香四溢，美味令人回味无穷。

我断定这不是小姑娘从带来的零嘴儿里顺便匀出来的，而是专门寻来给我的，大概隔壁公司里头藏着一株小橘树盆栽。

于是我一改“社恐”性格，主动和小姑娘交上了朋友。

小姑娘说可以叫她“小池”，并陆续向我倾诉了一些事。因为我被准许叫她“小池”，姑且算是她的朋友了，可以得到初级信任。

小池说，有些人觉得她很“傲”，但她觉察出自己心里是有些自卑的。

“我要参加一个比赛了，要是输了，爸妈会说‘现在知道天外有天了吧’。我当然知道总有人比我厉害，我还知道，如果我真的自傲，就不会担心一次失败显得自己‘金玉其外，败絮其中’了。”

我意识到，我的朋友小池可能不够成熟，但她已经比很多同龄人更清醒。之所以不说“她已十分清醒”，是因为我察觉这位被认为是自傲的朋友，心底确实有些自卑。

有些人之所以一次次为难自己，正是出于自卑带来的不安。他们对自己“下狠手”，看似早已在内心筑起坚城，其实坚城坐落处正是他们的薄弱点。对抗自己的缺陷、填补自己的不足固然是条“正道”，但一味地揪着自己的短处不放，并不能将短处扯成长处，反倒会让自己失了解难纾困的锐气和底气。

“你是怎么想的？你应该知道你的想法和见识已经超过了一些同学。”我对她的自卑心态表示不解。

小池闭着眼睛和我一起蹲在“午休秘密基地”里晒太阳，闻言只说：“我要更好，我还不够好。”

小池是一个与自己作对的战士。但是，我想，她陷入了一个误区。

“足够好的人究竟什么样，我也不知道标准。但是，她应该相信自己，不会被自己还不够好的地方压垮。”我思考了一阵子，发表了自己的看法。

小池在阳光下沉默着，最终点头道：“没错，我要是怕了这个不够好的自己，听起来输得更惨了。”

不只自大自傲是失败的征兆，自卑自怨也同样预示着一场溃退。

人生重重关、道道槛，每个阶段有每个阶段的难题，但最难越过某道关卡往往不是因为路难行，而是因为我们智不明、心不静，不敢对自己说“拼吧”！

我知我不足，亦知我所长。做个敢于和自己作对、善于和自己作对的人，就会发现世上最难攀的山峰已经在自己的脚下。

有些为时已晚，其实是恰逢其时

“来不及”和“刚刚好”之间的距离，

有时候正是一句“不放弃”。

01

还未毕业或者刚毕业不久的年轻人，在学校里度过的时日最多。从小到大，或明或暗的催促声总环绕在四周。直白一点的是“抓紧时间，别人如何如何，你的进度已经慢了”；委婉一点则是“一点点有规划地来，还来得及”，潜台词仍然强调要“赶得上”。所以很多年轻人对一句话抱有莫大的恐惧，这句话就是“晚了”。

现在开始学习，已经晚了；现在开始定目标，已经晚了；现在开始实践，已经晚了……“晚了”的魔咒几乎困扰了我的整个学生时代，直至大学快要毕业的时候。

当时学校设了部分校内实习岗，我们班几位申请到岗位的同学分散在学校的不同部门，我是其中之一。

到岗没两天，学校有个活动交由我们部门筹划。当时，我的领导付老师交给我一份主持稿让我和另一位同学看看。我没有意识到这是叫我们校稿，因为我们之前负责的都是调课、申请教室等行政事务，所以简单一看，觉得没什么问题就放在了一边。

等到活动开始那天，我被分派去取打印好的主持稿。取回稿子后原地待命，我闲来无事就细细读了遍稿子，忽然发觉里面有部分内容有问题。当时我心里一惊，立即去找付老师说明，并做好了挨骂的准备。

不想付老师对我道了声谢，随即用笔对那部分内容做了调整。

我不明白这声谢从何而来，事后去问他："我以为活动快开始了，这时候改稿已经晚了。"

付老师笑笑："不是晚了，是刚好赶上。你想，好多人看过稿子都忽略了这个问题，因为大家平时习惯了这样说话。即使提前改好了，主持人一上场可能又按习惯来了。但临开场前强调一遍，主持人记忆深刻，就不容易出错。"

我知道付老师有宽慰我的意思，但"不是晚了，是刚好赶上"这句话还是令我回味了很久。

生活中，我们往往会因"事到临头"慌了手脚，例如过了提交时限，例如因前一趟高铁晚点而未能换乘上买好票的下一趟高铁，于是大呼“为时晚矣”。

然而，晚是晚了，如果我们肯采取行动，例如致电询问负责人可否延期提交，例如咨询车站工作人员看是否能调度到其他列车上，只要不放弃寻找新的出路，就可以发现为时未晚。

就如我实习时的那一场“赶上”。所谓“刚好赶上”，表层因素是付老师修养好，其实内里需要一个必要条件，就是“去赶”。假如我满心想着“坏了，晚了晚了，来不及了”，只是坐在原地等挨骂，可能真的会挨骂，而且挨得不冤。

只要我们不放弃自己，“晚了”可能恰是开始一段新旅程的最佳时机。

02

一位朋友向我发出了“求救信”。

她用十几条消息宣告自己情绪崩溃，并要我务必与她聊一聊。

若“聊一聊”对朋友有益，我自然不会拒绝。

“我什么都不会！”她大声说，“有个人笑话我不会打算盘！”

不会打算盘是什么值得嘲笑的事情吗？我一头雾水。早些时候，很多地方的小学确实会教孩子们珠心算的技能，所以我的许多同龄人都会“二下五去三”，可没摸过算盘的人也不在少数啊。

“为什么要为这个笑你？”其实我更想问“为什么你会为这件事如此抓狂”。

手机另一头传来“踏踏”的声音，她似乎在屋子里走来走去：“不只是算盘！我刚来时他就笑我不会做表格、套公式，部门要出节目的时候又笑我没才艺，我要考二级证时又笑我没掌握对的学习方法！他怎么什么都笑我？！我怎么什么都能被他笑？！”

这时，我才明白过来朋友为何这样暴躁。

被人一再用言语讥讽固然生气，可朋友的愤怒也有一部分是来源于自身。她一贯是个要强的人，读书时候“三更灯火五更鸡”，工作后也很拼，是同批新人里适应岗位最快的一个。这样一个人忽然发现自己身上有如此之多可供人“开玩笑”的破绽，自然感觉天塌地陷。

朋友仍拖着脚步在地板上溜达来溜达去，我分不清她嘴里说的是“晚了”还是“完了”，又或二者皆有。我宽慰她，试图让她冷静下来。她终于停止了迫害自己的地板。

“你说，我现在去学点什么？是不是晚了？”她忽然出言相问，而不等我回答，她已说出我心中的答案，“不，不会晚的。什么都不做，才是真正的‘来不及’。”

作为一个合格的“情绪树洞”，我得知了此事的后续发展。这位“卷王”朋友果然在专业技术精进之外，又给自己加了许多新课。当然，她没有去学如何拨算盘，而是读了很多IT（信息技术）领域的书，新增了一些IT技能。

她说：“其实我怕的不是‘来不及’，而是‘没办法’。当我有了足够多自主抉择的底气，所有的人生选择不过是恰逢其时。”

而我从另一个角度来解读这件事——这场突然降临的“晚了、完了”，正好促使她走向新的生活，也未尝不是一场“人生巧遇”。

在人生这漫长的旅程中，我们利用一次又一次抉择来把控前行方向，不必忧虑“为时已晚”。

若春光已逝，还有冬景将至；若冰雪已消，还有春阳正好。

心有底气，满怀期望，生活的突兀转折也只是一场奇妙的邂逅。

03

有时，我会想起不甚相熟的外甥女丰丰。说是外甥女，其实她只是辈分小，年纪上相当于我的妹妹。

丰丰令我印象最深的一件事就是，有一回我的表姐、丰丰的妈妈在家庭群里把她数落了一顿，原因是她没赶上车。

“这孩子从小就慢性子，早出来十分钟不行吗？！”表姐气极了，群里人赶紧安抚她。原来，丰丰发现自己要赶不上车后丝毫没有快跑两步的想法，反而是给家人发了条微信，这种不紧不慢的态度惹得表姐火冒三丈。

不一会儿，丰丰在群里发言了，还是不急不缓的。她列明了三条原因，大意是：第一，带的箱子很重，跑步也赶不上车；第二，发条消息用不了几秒，通知家人自己改乘下一趟车，避免了家人担心和一系列麻烦；第三，不是在高峰期出行，下一趟车的余票充足，现在自己已经在车上了，大概再过两小时就能到家。

最后，丰丰又加了一句：“我在这趟车上买到了很好吃的果脯和肉干，回去带给你们。”

丰丰虽然没有赶上原本订好票的那趟火车，却不曾为此抱怨、担忧、责备自己，而是情绪稳定地开启了乘下一班车的旅程。或许同一路线上的各趟列车卖的特产大同小异，但她显然将自己买到的特产视为小小的惊喜。丰丰没有赶车“晚了”的烦恼，却“遇见”了新的喜悦。

一部有些年头的音乐电影《放牛班的春天》里有这样一句台词：“永远别轻易说放弃，前方总有希望在等待。”

面对这群已经被其他大人放弃的“野孩子”，怀才不遇的音乐老师马修不认为教导他们“为时已晚”，而是尽自己所能开发他们的音乐天赋，让他们感受到爱和希望。

事实证明，无论是音乐天赋卓绝的皮埃尔，还是不会唱歌的派皮诺，马修的引导对其而言都是一束恰逢其时的光。

别放弃，别气馁，别将“晚了”当作“完了”，你会发现一个新的世界就在你抬腿迈步之后。

生活没有同花顺，人生底牌是自己

即便人生开局有一副好牌，

也要牢记自己才是人生牌局中最可依赖的底牌。

01

人们常说“老小孩，老小孩”，以前还不懂是什么意思，后来我在养老院的阳光长廊下，认识了好几位一把年纪却比我还“潮”的老人家，“老小孩”这一称呼才在我的心中具象化了。

一位老人有一台两个巴掌大、叫“唱戏机”的播放设备，时常用它和老姐妹们听曲听书。有一回，这台机器坏了，老人家也不太耐烦摆弄智能手机，恰好我从门前无所事事地逛过去，便被叫住“讲个新鲜事”。

可我肚子里的新鲜事早被这些“老小孩”掏干净了，还能讲什么呢？恰好之前一个朋友向我吐槽了一部小说，我便就着她的吐槽，胡乱融了些常见的情节，给老人们讲了起来。

大致的故事发展就是主角天赋不佳，但每每有难，总有贵人出手相助，经历一波三折，最后功成名就。

“老小孩”之一听完这个故事问：“这人什么也学不会？”

我想了想自己所讲的人物设定：“是吧，总之法术学不好。别的也不知道。”

“老小孩”之二似乎不太喜欢这个主角：“这人也不努力！法术学不好，学了别的，总有能派上用场的时候。可这人怎么每次遇到事情就只会干着急，还总想靠别人？”

“老小孩”之一补充道：“对对对，他遇事总是先一惊，再故作淡然，说敌人‘你这样不对’，之后便内心释然，最后等快不行了，总有人来救。”

“老小孩”之三一针见血道：“这人不行，净靠别人。”

确实，我的朋友向我吐槽这部小说，也是说主角什么都做不好，总要靠人救。但见几位老人一头蓬松白发冲我齐齐摇动的样子，还是忍不住为故事里的人辩解一二：“或许，这个角色的设定是‘幸运也是一种能力’？比如之前讲的锦鲤人设？”

老人们很不赞成：“运气是多么虚的东西，靠运气还不如就知道有人来救呢！而且真正的运气好才不该是这样的，他有好运气怎么会一直这样脑子不清醒，遇事连个自己的主意都没有？他想做什么然后心想事成了才算好，自己都不知道想要什么，被推着走怎么算好？”

在经历过许多时光的老人眼中，一个人“不想”也“不能”，每一次人生转折都靠着“意外”拨动，每一次遇险遇困都依赖他人拯救，比起努力而愚钝或聪慧却懒惰的人都要差劲得多。

老人们知道我是“写东西的”，语重心长地拉住我的手说：“别写这样的人，一点也不自立，会教坏别人的！”

我自然赞成，毕竟我信奉“自救”才是贯穿人生的议题，将他人、外力当作真正的后手，可谓真正的“绝境”。

所谓的“好牌”，有时不过是鲜花着锦。锦缎绫罗可以披挂于鲜花之上，自然也可能被风拂去，被人掀去，即使一直挂在花的枝头上，也有可能被风吹日晒，褪了鲜艳的色彩；唯有本具的风姿和芬芳才是花的底气，令其不负花期。

正如那句老话：“自助者，天助之。”

想要做生活的强者，需要自己由内到外强大起来，而不是等别人推着、引着、扶着向前走。

如果这世间只有一个人可以依靠，这个人应当是我们自己。

02

说起来，生活中确实有不少人觉得他人未来有望只是因为手握“同花顺”，却从来不考虑他人自身能否配得上这幅好牌。

以前公司的一位同事总是对别人羡慕不已：羡慕别人出身好，羡慕别人婚姻顺，羡慕别人交好运，处处遇贵人，唯独不羡慕别人有好本事。

有一次，隔壁部门来了个年轻姑娘，青春正好，意气风发。这位同事不知从哪里摸了人家的底，又在工位上满怀艳羡地开腔了：“真好啊，人家的朋友是隔壁的主管，就是‘那位’！”

另一位同事刚被她用类似的话阴阳过，开口斥道：“这说明人家有能耐。我要什么都不是，可不好意思用熟人的人情，怕给熟人丢脸。当然，人家也不会招什么都不会的熟人，不然不是砸自己的招牌吗？毕竟公司又不是自己的。”

这位同事张了张嘴，说：“那姑娘的对象好像也挺厉害，不然人家卖人情也不值当。”

另一位同事头也不抬地说：“这就更说明人家自己有本事了！否则人家样样不行，凭什么有好人脉、好男友？”

其实那同事也并非有多坏的心思，只是总喜欢将一个人的成就归功于外因。

老师曾经给我们讲过一桩笑谈，是关于行业里一对小有名气的“夫妻档”的。有人对丈夫说：“听说你妻子是某大佬的高徒，难怪你起步这样顺！”巧的是，也有人对妻子说：“你老公这么厉害，你在公司混个管理职位可轻松了！”

其实，这两人师出同门，是师兄妹强强联合，都为事业出了不少力。可外人看丈夫觉得他“关系硬”，看妻子觉得她“嫁得好”。或许这是他们成功的一部分因素，但显然他们自己本身就是张“硬”牌，这才是他们事业的底气。

末了，老师敲着讲台，语重心长地对我们说：“人生最大的贵人，就是努力向上的自己。”

鹰隼想要强健的羽翼，虎豹想要锋利的爪牙，须得锻炼肌体，在日复一日的搏斗中不断磨砺。我们生而为人，虽有着种种技术的加持，但饱满的精神和健康的体魄也需要靠自己的耐心、精心、恒心得来。当生命自身失去力量时，附加的所有外物都是虚浮的雕饰。

与其等待贵人，不如做自己的贵人。

03

自然，总有人清楚想要挺直腰杆过日子，就应当把自己打造成一张王牌。

一位朋友通过认识的支教老师资助了一名学生。这个孩子和爷爷一起住在叔叔家，由老人照看。天天面对各种家长里短、纷杂琐事，让她方方面面都比同龄人更加谨慎小心。

初二的时候，孩子不知道以后要不要上高中，也不知道未来的路怎么走。朋友从老师处得知她的境况，便请她暑假来家里玩。孩子来了之后，朋友带她参观了当地开放预约的高校，本科专科都看过，也带她四处走走逛逛，看看商业街、写字楼，一起讨论了各行各业经营运作的模式，还一起查了诸如自主创业、各类兼职等资料。

朋友说，想让她尽可能多地了解社会，不管她要不要继续求学，起码知道可以走哪些路，需要哪些能力。

“毕竟人总是要靠自己的。她现在生活中的欠缺让她做什么都缺乏底气，但没有能力，才是真的一点底气都没有了。”

听罢朋友的这番讲述，我的内心被深深地触动。孩子的未来原本拥有无限可能，但这个孩子的人生抉择却又如此有限。

如果朋友坚持资助其上高中乃至上大学，自然是令人感动的善举，但这未必是最适合她的道路；朋友带这个孩子去见识广阔的世界，使其明确目标方向并积蓄力量，这种做法更让我感到震撼。我开始重新审视“自立自强”这一词语的含义。

一位经常与我互相推荐文章书籍的文友谈起蔡崇达的《皮囊》

时说，她觉得这本书里最具力量感的一句话是：“不合时宜的东西，如果自己虚弱，终究会成为人们嘲笑的对象，但有力量了，或坚持久了，或许反而能成为众人追捧的魅力和个性。”

在这位文友看来，人们不免会偶然冒出几分“不合时宜”的表现，但有些人的行为被当作笑谈，有些人却被推崇为“与众不同”，不为别的，只因为后者拥有足以让世人所认可的力量。

我不反对文友的这一观点，但我也深知，没有获得足以被人认可的力量的前者，也未必都因他人的议论而惶惑不安。因为他们中有一部分人知道，即便没有他人眼中所认定的家境富裕、名校毕业、关系网广泛等“好牌”，他们仍有一张足以逆风翻盘的底牌，那便是他们自己。

白云易散，烟花易冷，我们自身才是人生牌局中最值得依赖的底牌。

路上见识世界，
途中认清自己

我们眼中的世界，

映射的是心中的自己。

01

小时候我没有去旅行过，一来因为家里没钱、家人没空，二来因为那会儿大众缺少旅行休闲的意识。我的第一次旅行是和从小一起长大的朋友们去的，十八岁独立旅行，没有大人跟随，预示着我们开始成为“大人”。

负责做计划的是昭昭，她通过家长的推荐和网上的一些攻略确定了我们的行程；负责后勤保障的是我，随时清点所有行李并记录旅行花费；负责安保工作的是小钰，她眼观六路、耳听八方，并在必要时以将近一米七的身高和兼具力量与美感的肌肉避免麻烦。

列车驶出站台，我们离开家渐行渐远，觉得自己的一切安排万无一失，兴高采烈准备去“看世界”。但很快，我们就接连意识到什么叫作“你以为的只是你以为”。

先是昭昭，发现网上推荐的客栈并不像别人说的那样位置优越；随后是小钰，发现根本没人觉得她有震慑力，只觉得她脸嫩好欺；最后是我，发现出门在外，我们各种旅行用品的准备并不周全。

还好我们是极好的朋友，手忙脚乱后并没有相互指责，反倒更加亲近。一路上玩了什么、看了什么如今已然模糊，返程前夕我们的内部反思会我倒是记忆犹新，概括来说就是一句话：不能想当然。

就拿我来说，我以为后勤管理只要想得细、看得紧，操作起来并不困难，结果从住旅店到去景区，时不时冒出些我“不知道”“没见过”的事，令我难以招架。

我也以为自己有足够的耐心和抗压能力，即使出了些许问题也能镇定自若、找出破题要点，结果在途中我不止一次感到心塞头疼，有时甚至需要同样也在心烦的伙伴们哄一哄。

旅行可以让人重新认识自己。

在十几年的人生历程中，我一度以为自己是个修心高手，可以被人依靠，起码是一个有担当、不扫兴的人，可事实证明，少年人在十数年岁月中，虽身处红尘，却算不上经过红尘历练。

正所谓“经事长智，历事成人”。

唯有走过，方知风景，不去听、不去看、不去经历，便无法感受世界的五光十色、万紫千红，也无从觉察生命的盛大与自我的浅薄。

一场旅行是一个“经事”的过程，在旅途中我们可以见山、见水、见天地、见众生、见自我，能触发我们发现更真实的自己。

02

第一次旅行之后，我开始对旅行抱有一种既期待又迟疑的态度。第二次旅行是在时隔三四年后。那时，我刚刚攒够了一笔钱，本想做个全身体检，但那时我对体检也抱有一种期待且迟疑的态度，希望看到自己一切健康，又担心检查出什么麻烦事，给自己重重一击。对这种心情我感到莫名的熟悉，于是我想起自己很久没有旅行过了。

医生也对我说：“不如给自己彻底放个假，换换心情。这样大病没有、小病不断的状态，比起吃药，不如吃好玩好、心情愉悦。”于是我开启了一场仓促的旅行。

虽说仓促，但那时各类分享交流、旅行服务软件逐渐丰富起来，我的出行比当年顺利得多。由于听了一些负面新闻，担心曾经被人“欺生欺小”的事件重演，我还特意看了些经验分享，参照大家的说法把自己包装成有丰富社会经验的形象。

出了车站，我跟着地图导航绕了几圈，决定打车。司机师傅健谈得很，不一会儿，我们的关系就已“破冰”。他抛出一个话题：“你是大学生吧？一眼就看出来了。学生和上班久了的人身上那种气质是不一样的。你干兼职，甚至去创业，都带有学生味，除非你已经混出点名堂了。”

我有些惊奇，因为自己大学期间没闲着，自认虽见识有限，可比起十八岁时无疑是个有“大人”思维的人了，何况还结合实际经历给自己设计了“保真”的打工人设！

司机师傅告诉我，一个人处于社会的什么位置，经历过怎样的生活，思维就是套在这个环境里的，学生去兼职打工，和毕业后讨生活，看到的东西不同，想法做法也不同。

他还给我举了个例子：工作中遇到困难，很多初出茅庐的学生会表示自己可以学，而成熟的打工人则会回复领导自己预计在多长时间内解决困难，以此来争取机会，或者对领导表示“听您安排”。

俗话说：“不经一事，不长一智。”

当时听了司机师傅的话，涉世不深的我半懂不懂。但通过这次对话我悟出一个道理：路要自己走，事要自己经。

鞋子合不合脚，自己穿过才知道；道路好不好走，自己走过才知道。

照搬他人的经验，听他人介绍他见过的风景，不如踏上征途，亲身体验，积累自己的阅历。

处于不同的位置上就会拥有不同的视角，视角易位，思维想法也随之变化。在一场场旅行中，也许我们一迈步、一转身，就能看到不一样的自己。

03

虽然毕业后自己时不时会出去旅行，但毕竟工作压力大，忙起来就没时间出去玩，而且身体也随着压力和年岁的增长开始出现各种小毛病。去医院检查，我又从医生处得到了熟悉的建议：“不然你休个假吧。之前有一位病人跟你差不多症状，干脆给自己放假，出去玩了一圈，心情好，身体也好了。”

这时的我手头已然略有富裕，精气神比读书时也好很多，于是果断推掉工作，请了年假，从容出发了。

到了目的地，我没有选择知名景点，而是经人推荐去了一个当地人常去的公园。进入公园，我选了条卵石铺成的小道走，一面享受独自游荡的悠闲，一面欣赏着树篱外人语喧嚣的热闹。

突然，我脚下一滑，发现卵石路中断了。许是有些小小的修缮安排，道路被掀开了长长一段，经过夜雨晨露，已和成了泥水。我不欲原路退回，但要走上下一段卵石路却要从湿滑的泥水中涉过。两难之际，我忽然发觉这段路上有几株花木与周边不同。

这花是玉黄的萼、泛绿的蕊，细小的鹅黄花瓣落下来便如同仕女额间的花钿。花盏托着颗露珠，被风一下掀了去，沿叶子的脉络一路滚落。我顺着露珠的方向向前走着。

最后，我踩过泥，赏过花，在另一端的卵石道边蹭着鞋底。有位阿姨一路甩着胳膊，踢踏着步子走过来，见到我一愣："这边路在修，你干吗非要从这里走？从下面好道走呀。"

我笑了笑，答道："是，这里路不好走。不过这段路上有几株花的颜色、样子比较特别。"

阿姨大概是个很有生活情趣的人，她当即低头看看自己穿的鞋子——应该是某种锻炼用的"练功鞋"，嘟囔着"反正鞋子也该刷了"，也走进了泥地中。

想来这就是旅行的趣味。倘若别人告诉我有一条泥泞小道，我绝不能联想到丝毫美感；但我自己踩过泥水，却看到了不一样的花，遇到了可爱的人，“美”在我的世界降临了。

“如果你不出去走走，你就会以为这就是全世界。”重温《天堂电影院》这部经典老片，听到电影放映师艾佛特如此劝说想要在小镇里做一辈子放映师的多多走出小镇，我忍不住想到近几年在网上接触到的一个概念：身边即世界。

当我们生活在封闭的小屋里，小屋就是宇宙，屋里的生活规矩就是世界的法则；唯有向外走、向外看，才能认知更广的天地。

“人生如逆旅，我亦是行人。”我们每个人都开启了一场人生旅行，在路上见识世界，在途中认清自己。

3

听一万种声音，但只成为自己

听一万种声音，但只成为自己

世界上有太多的声音，

你可以聆听，

但不要被淹没。

01

每每路过附近的学校，走过这条人来人往的大道，总会想起年少青葱的高中时代。记得那时昭昭被班主任指定去完成走廊板报。刚开始的时候，昭昭还兴致勃勃，不知为什么，后来却变得无精打采，每天愁眉苦脸。

我不解地问她：“不是挺喜欢画板报的吗，怎么这么难过？”昭昭跟我解释道：“一开始我很开心老师能够将这个任务交给我，可随着我画得越来越多，同学们的议论声也越来越大。”

这时我才知道，原来击垮她的不是繁重的任务，而是同学们的指手画脚。

昭昭说，她每天都牺牲午休时间去赶板报进度，到了下午上课的时候总是昏昏欲睡，已经被老师点了好几次名。

因为板报下周要进行评比，昭昭要花费更多的时间在这上面。很多同学认为昭昭是偷懒，不用上课，出去画板报，并对昭昭的板报评头论足："这也能代表班级？""给我几堂课去画，我也行。"类似这样的议论断断续续地传进了她的耳中，入了她的心里。

我没有选择去安慰她，因为我没有亲身体会过她所承受的压力，只问了一句："你后悔接这个任务吗？"昭昭犹豫了片刻，随即头像拨浪鼓般晃动，回答道："我从来没有后悔过，只是他们三言两语就否认了我所有的努力，真令我心寒。"

这个时候我清晰地认识到，昭昭不是畏惧绘制板报的难度，也不是心疼自己牺牲的休息时间，而是伤心于自己的努力被他人轻飘飘的几句话否定。

后来的板报评比中，我们班的走廊板报被评为第一名，我看到昭昭流下了激动的泪水。老师表扬了昭昭，说以后的班级板报都交给她来负责。那一刻，她骄傲地昂起头，仿佛在向曾经贬低过她的那些人证明——"我可以！"

《荀子·非十二子》中有言："不诱于誉，不恐于诽。"

不是所有的鱼都生活在同一片海里，也不是所有的人都要活成同一个样子。人各有不同，无论听到什么声音，都要坚定地做自己。

不管我们怎么活，都会有人不满意，都会有人想要指手画脚点评一番。然而我们的生命只有一次，完全可以按自己的意愿去活，不用活成别人期待的样子。就像网上说的那样，"你不一定非要活成玫瑰，如果你愿意，可以做茉莉，做雏菊，做向日葵，做无名小花，做千千万万"。

然而，按自己的意愿活，说起来容易，做起来却很难。尤其是当各种各样的声音从四面八方纷至沓来时，我们是不是应该低下头问问自己：是要坚定地走自己的路，还是被杂音不断困扰？我想，当一个人在喧嚣的环境中停下来认真思考，一定会对前进的方向有更加清晰的认知。

真正勇敢坚定的人不是不害怕，而是就算被别人的话语吓得双手颤抖，双腿发软，依然选择朝自己的理想前行。

有人说，世界上最美好的相遇，是遇见更优秀的自己。愿你永远携着希望观春草碧芳，赏夏花灿烂，享秋叶静美，品冬雪悠悠。

拨云见日，看见自己，追逐梦想，做真实的自己！

02

我的一位老师向我分享了这句话："人这一生总要把自己放逐出去，在梦的边缘，找到真实的自己。"

是啊，生活是个调频器，每天都在变换频率，无论是追求内心的平静，还是追求外在的精彩，都是对生活的积极接纳和自我调适。

盛夏，小院，绿树，声声蝉鸣贯穿着我的童年和暑假时光。大学暑假回奶奶家，那聒噪的声音依然扰得人不得清静，天又热得人直打盹儿。这个时候，奶奶总会从井里捞上一个西瓜，一分为二，我一半，奶奶一半。

邻居小妹清清路过我们家门口时，总会逗弄我家的大黄。这天炎日灼烧，大黄爱在院子里阴凉下的石台上趴着，看到清清逗弄也毫无反应。

奶奶问道："娃放学回来了，要不要来块西瓜？"

清清眼角下垂，听到奶奶的问话，嘴角勉强弯起一个弧度。

原来清清今天文理分科，她喜欢理科，她的父母却不赞同，认为女孩子学文科路会更好走一些。

为此，清清与父母发生了激烈的争吵，闹得不欢而散。清清萎靡了一整天，最后还是提交了选择理科的意向表，却不知道怎么回家和父母交代。

奶奶安慰道：“人这一生，面临的选择有很多，可谁都不能替你做决定，因为你的路是你在走，不是别人在走。别人的话你可以听，但不是非得接受。”

奶奶说完，又递了一块西瓜给清清。清清大口吃完，蹦蹦跳跳地回家去了，与来时的她大相径庭，迈出门槛的时候校服裙角仿佛都透着欢快……

又是一年盛夏，放假回到乡下的我一进院子，就看到奶奶躺在摇椅上乘凉。我坐在奶奶身旁，她给我讲邻里的趣事，又提到了清清。

据说清清高考时不顾父母意愿报了一个冷门专业，大学填报的志愿也离家很远，父母极力反对。但是这一次她没有犹豫，义无反顾地坚持了心中所想。

比尔·布莱森在《人体简史》中写道：“如果把你体内的DNA搓成一条线，它能延伸100亿英里①，比地球到冥王星的距离

① 1英里约等于1.61千米。

还远。所以光靠你自己就足够离开太阳系了，从字面意思来看，你就是宇宙。”

人生路上有很多路口，你会看到不一样的风景，也会听到不一样的声音。尊重所有声音，但只成为自己。

我们都曾迷惘过，也曾对未知憧憬过，人生路上总会受到各种各样的干扰。此时我们需要做的是听清内心的渴望，不要让外界的声音影响我们对自由的向往。

村上春树曾说：“像猫一样，只取悦自己，不理会他人，生命也许会更精彩。”

无论身边的声音多么嘈杂，永远把时间花在自己身上。人生是旷野，不是轨道，心之所想便是心之所向。

不要活在世俗的眼光中，而要用力活在自己的热爱里，前路漫漫，亦灿灿。

03

记得当年毕业之前，大家都面临着一系列选择。当时正值考研、考公和考编热潮，好像不考点什么就丧失了目标一样。

我一个认识多年的好朋友小钰就义无反顾地加入了考研大军，忙完毕业设计紧接着开始搜集考研资料，定好目标院校之后，制订了一大堆学习计划，不给自己喘气时间，起早贪黑地投入备考当中。

一次，我去图书馆找小钰，看到她与原先的样子简直判若两人：乱糟糟的头发，大大的黑眼圈。我大为震惊，不禁感叹这还是当初那个爱美的小女生吗。

中午一块出去吃饭，只见小钰快速扒饭，吃饭的同时也不忘记背单词，吃完就赶忙回去复习，全然忘了我在旁边。我自然也不敢开口扰她，任她一头又扎进了题海。

成绩出来后，小钰竟然考研失败了。父母劝她放弃考研，抓紧找工作；也有相熟的亲朋劝她试试考编；当然也有鼓励她再考一次的。

面对嘈杂的声音，小钰并没有迷失方向，而是选择了“再战”。

第二年参加同学聚会，小钰也来了。她的脸上不见了愁容，好像比大学时期更加阳光自信了，果然，她不负众望，“上岸”了。

事后她跟我讲起备战时的孤独与不易，不是几句言语就能描述得清她曾处过的黑暗时光。而现在的她，本身就是光。

特别喜欢《被讨厌的勇气》里的一段话：“纵使被说坏话、被讨厌，也没有什么好在意的，因为那是对方的课题。擅自背负别人的课题，只会让自己感到痛苦。”

外界的声音只供你参考，你不开心就不要参考。看待别人的意见要理性，对待自己的信念要坚定。外界所有的声音，如果能够影响你，是因为你内心没有自己的主见。要学会跟不同的声音共存，包括杂音和噪声。

人这一生要过无数的路口和关卡，正所谓“关关难过关关过”，每一关，最终都要靠自己度过。别人不是你，不懂你面临的问题有多少、抉择有多艰难，你也不必太在意置身事外的他们发出的声音。

外界的声音很嘈杂，但你可以只听从内心的声音，永远为自己而活。你无需被定义，你就是你。

把生活调成自己喜欢的频道，别人的建议仅供参考

人其实只有一种处境，

那就是自己的心境。

01

安姐拜托我充当她和她女儿之间的“中间人”。

安姐是我小时候的邻居，比我年长十来岁，经常受父母所托照看我。她出去打工后，最初手头拮据，心疼路费，常常两三年不回老家，但回来时还专门来我们家留了联系方式。后来我和她在同一座城市工作，重新亲密起来。

安姐结婚早，婚姻草草收尾，她独自生下女儿并拉扯她长大，十几年来母女关系极好。她给女儿取名“宁”的时候还说：“这样我们俩在一起就是‘安宁’，像姐儿俩一样，多好。”所以如今听到安姐的请求，我委实不理解她们母女之间有什么是不能自己沟

通的。

“没准是到青春期了……”安姐若有所思，然后豪气地拍着我的后背，“总之你帮忙说说吧，宁宁可喜欢你了！”

当中间人当然没问题，我也很喜欢宁宁。她和她妈妈一样落落大方，我和她打交道从来都是有什么说什么。于是我直接打电话约宁宁放学后下馆子。

宁宁一上车，直截了当地问：“小姨，我妈又跟你絮叨什么了？”

“她呀，她说你现在什么都不跟她说，所以叫我来问问你，有没有什么事是我能知道的。”我打趣道。

宁宁揉了揉自己的一头短发，像豌豆射手一样“突突突”蹦出来一堆话。

原来，最近发生了一系列事，小到班里有同学评价她“疯疯癫癫”，大到老师了解她的志愿是土木工程后劝她换个方向。宁宁感觉心烦，又觉得为这些事苦恼挺好笑。

听了这番倾诉，我恍然大悟。宁宁继承了安姐的豪爽和要强，但生活在人群当中，很难丝毫不受外界声音影响。如果将生活中的选择比喻成选电视节目，每个人喜爱的频道各不相同，和不同频的人一同看节目无疑是种折磨。

我正要安慰宁宁几句，她已经放弃了折腾她的头发，手做出枪的模样尝试击毙原本放在副驾上的玩偶熊，并对我露出了轻松的笑容："没事，话一说出来我立刻就想通了。关于那谁说的话，我想了想，反正我没有像他们一样下课后在班级里鬼叫打扰别人睡觉，我觉得自己可好了；至于赵老师，好意我心领了，报志愿的事我找我妈工地上的人了解下情况再说。"

"不要强求别人喜欢，也别强求别人理解，'我想要'比'别人说'重要得多。"到了饭馆大快朵颐前，宁宁这样对我说。

"知我者，谓我心忧；不知我者，谓我何求。"

有的人因崇高的理想而遗世独立，有的人因不凡的追寻而孑然一身，人不会仅因生活在人群之中便获得幸福。

就像很多年前那只声音波长与其他同类不同而得不到同伴回应的鲸，即便身处鲸群之中，它仍然很孤独，因为其他鲸与它永不同频。在"波长17—23米"的鲸群中生活，6.6米的波长会造就一只"孤独鲸"。我们或许比"孤独鲸"更加幸运，因为当感到与环境格格不入时，我们可以主动去寻找适合自己的频道。

在广阔的天地之间，我们无论要做孤高的鸿鹄还是要当渺小的蜉蝣，都该让生活中多一点"我欢喜"。

02

在游泳体验课上，我看到一位年轻妈妈将自己三四岁模样的孩子也带出来游泳。

“我试过了，我家孩子挺喜欢玩水。我听很多人推荐过亲子游泳课，觉得带孩子来运动一下也不错。”她一边帮孩子换衣服一边和周围人闲聊。在冲澡的时候，她不断问孩子“水热不热”并调节淋浴器。

有位路过的大姐感觉溅到身上的水温度不高，立即转过身来问：“这么小的孩子也带进来？而且这水温也太低了吧，感冒了怎么办？”

年轻妈妈笑着说：“没事的，孩子自己觉得水温正合适。”

“小孩子哪里知道好歹，着凉了多遭罪！”大姐的语气有些咄咄逼人，但也能感觉出她的好意，所以年轻妈妈并不恼，仍好声好气地解释：“小孩子也知冷热了。我小时候总觉得水烫，大人却说水不烫，说我是故意捣蛋不想洗澡，硬按着我搓！现在有了孩子，她洗澡也嫌我放的水热。我查过了，小孩子皮嫩，大人觉得正好的水温，孩子会觉得烫。”

她这番话应该能勾起很多人对“滚烫的童年”的回忆。那位大姐并没有继续探讨的意思，整理好衣服便出去了，浴室里恢复了平静。

年轻妈妈对一旁的人说，人要沟通过才知道好不好沟通，不过她也只是将自己的想法表达清楚，不抱能让对方理解的期望，因为从“小孩子哪里知道好歹”这句话，就知道她们多半不是同路人。

“水烫不烫，只有自己才知道，是不是呀宝宝？”她蹲在孩子面前细声细气地问，小朋友笑出一口米粒小牙。

时间与空间所带来的每一点差异都会导致出身、阅历、思想截然不同。因此有些人可以和我们互触灵魂，有的人可以和我们共享人间烟火，对有的人我们却只好匆匆别过以免伤人伤己。

何谓理想的生活，该由我们的心决定，而不是别人的嘴。

“晚来天欲雪，能饮一杯无”，前几年电视剧《雪中悍刀行》热播时，一杯“绿蚁酒”引来无数人对江湖、对同行者的探讨，也让很多人用心回味了白居易诗中“绿蚁红泥”的畅意生活。

静寂的雪夜，三两杯薄酒，一位知己，胜过人间无数繁华风景。

至于那些不同路之人的声音，听过了，也就过了吧。

03

茶香清冽，琴声清雅，在颖姐的茶楼听她以玩笑的口吻讲起一些往事。

颖姐家一直维持着比较老派的作风，她虽是父母的独生女，但在家族中却是上有兄姐、下有弟妹。

处在中间的孩子往往容易被忽视，颖姐却并不在乎，因为她和父母的小家庭一贯和睦。但族中的长辈们似乎很喜欢给小辈们“安排人生”，一群从小没怎么理睬过她的长辈，每逢她的人生到了重要关头就跳出来指手画脚。“好像突然想起来我是他们的共有资产。”颖姐如是说。

颖姐毕业后积攒资本，决定自己做生意，父母也支持。但几位亲戚却极力反对，要她稳稳当当工作，别挥霍父母的养老钱。有的亲戚长辈还当众拿她做“教子”的反面例子，说“上个大学心就大了”等阴阳怪气的话。

颖姐考察市场后决定开一间茶楼，父母觉得主意不错，亲戚依然跳出来反对，要她做餐饮服装等“好挣钱”的行业。她的父亲一贯和气，也忍不住和亲戚唇枪舌剑了一番，叫他们这些没开过大酒楼、没做过服装店的人不要想当然，不要以为自己嘴皮子上下一碰就比得过别人耗尽心力做的市场调研。

茶楼经营逐渐稳定，她见聘请来的琴师日日弹琴，心中羡慕，便想重拾童年音乐梦，抽时间去学古琴。父母都表示“你喜欢就去做”，又有亲戚跳出来反对，说做琴师有失身份，有时间不如多和

“上流人士”联络感情，把生意做得更大。这回别说颖姐，就连颖姐的爸妈也懒得再和他们多费口舌了。

现在，她偶尔有空就在茶楼客串琴师，茶楼也经营得有声有色，父母都为她过上了理想的生活而高兴。自从上次说学琴遭到家族亲戚反对后，颖姐父母就不再跟那些不靠谱的亲戚说颖姐的事情了，等他们后知后觉听说颖姐学琴的时候，颖姐已经在茶楼客串了很久的琴师，还请父母来听了好几回琴。

颖姐说，从茶客口中得知很多父母偏帮亲戚长辈后，她专门跟父母谈过心，感谢他们鼓励她、支持她，让她能够活成自己理想的样子。而颖姐的父母面对女儿的感激和夸赞反而羞赧起来，只说：“别理那些人，别为他们烦心，跟他们说不通。”

“是呗，说不通，也没必要说。自己也是个普通人，还给别人划出三六九等了。”提起“有失身份”那番话，颖姐不顾风度地翻了个白眼。

聊得兴起，颖姐还在包厢里架琴弹了一曲。

和茶香、琴音一样令我久久难忘的，是颖姐最后所说的一段话：“我知道自己要什么，也把想要的握在了手里，没有辜负任何一个爱我的、我爱的人，包括我自己！”

《抱朴子》有言："志合者不以山海为远，道乖者不以咫尺为近。"

汪曾祺在《草木虫鱼鸟兽》中写了一段关于豆芽的故事，说朱小山曾见发芽的豆子顶起沉重的石头，于是多年来常向人提起。

有人问："你老说这件事是什么意思？是要说明一种什么哲学吗？"

朱小山说："不，我只是想说说我的惊奇。"

"只是想说说我的惊奇"——惊奇的朱小山是个"有生活"的人，将此事写入文中的汪曾祺也是能从生活中发现趣味的人。

我们难免会遇到一些问自己"说这件事是什么意思"，或许还要更加不客气的人。而我们要做的不应是急急解释寻求理解或开始自我反思。与其听他人所谓的"建议"，不如去寻找自己那枚"惊奇豆芽"，寻和我们一样为之惊奇的人。

做到繁杂言语入耳不入心，生活才能达到和谐境界。

靠自己才有春暖花开，靠别人最多昙花一现

“人”是一撇一捺相支撑，

一个独立的人就是自己支撑自己。

01

认识一位老师傅，姓何，她自我介绍时喜欢说：“我姓何，独立人旁的何。”

一般我们会说“单人旁”“双人旁”，可这老师傅偏喜欢说“独立人旁”。有人曾以此背地里笑她文化课差还“装相”，她或许耳闻过，但依然不改。

而我只当这是某个地方或某个时代人们约定俗成的说法，没觉得有什么可关注的。

一天，何师傅向我问一个人的姓究竟是“许”还是“徐”：“是双人旁的‘徐’吗？”

这时我的脑子里一下就浮现了此前别人的议论声，嘴里念着“徐”却莫名卡顿了一下。

想起那些不好听的闲话，回忆得越清楚，我越是感觉尴尬。

何师傅似乎看出了我的不自在，不甚在意地摆摆手：“我知道，你们该怎样叫就怎样叫，我是从小认定了这个说法，不想改了。”

原来，何师傅最满意自己姓氏的一点，就是它是一个“人”。

“独立的一个人，独立人，多顺口。”何师傅说。

在何师傅还是小何的时候，她作为一个小学徒明里暗里遭了些委屈，其中最令其难以释怀的，是很多人都把她当成一个“配件”。最初，她跟着父亲学技术、打下手，有客户调侃说：“上阵父子兵，有了你，你爸以后再不需要别的小跟班了。”

一个客户大谈特谈她在今后的人生里都跟在父亲身后做杂活，如何享受这温情脉脉的时光；另一个客户说等父亲老了做不动活她就得给别人做小工，仰人鼻息，怎么比得上靠自己的父亲？

最后，两个客人大笑，对小何说：“靠你爸，就能吃半辈子。”院子里满是爽朗笑声，没人心存恶意，可小何却被刺痛了。

为什么说我要靠父亲呢？虽然我跟着父亲学技术，但早晚有一天我会自己接活，凭本事养活自己。无论谁的帮助，也只能送我一程，怎么会存在靠别人过活的事情呢？

于是年轻的小何师傅早早独立出去，硬是在圈里拼出了名气。后来，当地建了一座工厂，何师傅觉得走街串巷不如进厂稳定，就应聘进了这间工厂。但她没有上过太多文化课，一开始厂里安排她给一个正经“学出来”的技工做副手。那位技工专业是过硬的，并不太需要何师傅“显身手”，于是她又一次成了别人的“配件”。

这一次，她仍不肯被人评议为“靠搭档混日子”，于是下狠功夫补了文化课，还常常向搭档请教理论知识。

后来，人们都要尊敬地称她一声“何师傅”，认可了她的技术水平，再没人用隐含轻视意味的话语说她依靠谁。

何师傅从此成为“独立人”的何师傅。

听了何师傅的旧事，我忽然发现生活中的很多事情都印证了“不能一直依靠别人”的道理。

毕竟，别人的屋檐再大，也不如自己有一把伞。靠别人施舍不能长久，走“靠别人”这条路是不能收获幸福的。

“茂林之下无丰草，大块之间无美苗。”背靠大树固然好乘凉，但是繁茂的树冠会遮挡阳光雨露，发达的根系会掠夺沃土养分。如果我们想要做另一棵枝繁叶茂的树，就不能托庇于其他树的力量。

想在树林里尽享春光，就要做一棵高大的树；想在人群中恣意生活，就要做一个独立的人。

02

一日，听一位朋友说起对她影响特别深的一个同事，朋友称之为娜姐。

娜姐比朋友年长十岁左右，一向沉稳可亲，待人和善，从未听她抱怨过婚姻生活里的任何事，人人都说她定然家庭幸福，才有这样稳定的情绪。直到一天，朋友见她怔怔地坐在那里，虽然衣衫整洁，却没有了从前那种利落感。

“我离婚了。”娜姐平淡地说。

娜姐和丈夫算是青梅竹马，高中毕业就确定了恋爱关系，经过大学期间长期异地恋的考验后感情更加牢固，于是刚大学毕业就开始筹备婚礼。

那时的大学文凭比现在的含金量要高不少，这对准夫妇本来都可以找一份很好的工作共同支撑他们的小家，娜姐也早就有心仪的就业方向，和未婚夫商量未来发展时心里甜蜜、眼里发光，但两家长辈却都觉得娜姐找一份稳定、清闲的“差不多”的工作就行，因为婚后她要照顾孩子，要给打拼事业的丈夫做“后盾”。

娜姐的爱人也说：“不想你太辛苦，养家的事情交给我。”

娜姐被说服了。但过了几年，她觉得温馨的小家悄然发生了变化。公婆天天说别人家的孩子用什么高档营养品、培养了某某兴趣特长。她想也给孩子安排这些，就跟丈夫要钱，可得到的往往是“你少买些化妆品，少添点衣服就有了”“咱家也不是特别富裕的家庭”之类的回答。

娜姐意识到，两人之间的恩爱和睦逐渐在柴米油盐和鸡毛蒜皮中消磨了。

于是她决心换一份工作。她以“孩子越大花销越大”为理由，心里暗暗拾起刚毕业时的憧憬，进入了早该涉足的行业，但仍没能留住丈夫渐行渐远的心。

“他说我已经不是当初能跟他畅聊文学、谈论理想、打拼事业的那个人了。我俗气了，落伍了。”娜姐快速眨眼，想要蒸发眼角的湿气，“我，走了弯路。”

最后，娜姐对朋友说：“你很喜欢这个行业吧？我也很喜欢。要是你以后有了男朋友，一定要继续坚持这份事业啊。”

鹰隼搏击长空，雀鸟飞跃枝头，它们尽力经营着自己的生活，并不曾向其他鸟类借取翅膀。

人也应当如此，打磨自己的爪牙，丰满自己的羽翼，做一个可以顺水远行也可以逆风起飞的人，而不是只能借助湍流和疾风的力量，无法去往心之所向的地方。

自己的心中开出花来，胜过从别人身上摘得万紫千红。

03

老家向来比较重视人情往来，过年期间，大家除了睡觉几乎都在各位亲朋家串门。听说有的人还成为专业“带娃户”，替那些想要享受片刻自由时光的亲戚照管孩子。

正月初五这天，楼下那家食杂店就来了一位带着小朋友的年轻姑娘。

八九岁的小朋友很有主意，见陪伴她的小姨提不出打发时间的好提案，于是决定给小姨讲故事。

她认真翻开一本介绍植物的儿童绘本，选了菟丝子来讲。

“小姨，菟丝子是坏的吗？”小朋友读完绘本问。

小姨想了想，如实答：“大自然里，动植物生存各凭本事，称不上坏不坏吧。”

“菟丝子是很不厉害的吗？”小朋友又问。

“挺厉害吧，它能和那么大一棵树争养分。”

小朋友静静地想了一会儿说：“我听说菟丝子很弱小，要依靠别人才能活下去，这和你说的不一样。要是你说的是对的，我就不讨厌菟丝子了。”

“为什么？”

“因为它是靠自己的本领活下去的。”

小姨面露犹豫，似乎在想要不要和小朋友讲清楚植物学上的寄生和社会中的寄生依附的区别……

这位小朋友的想法其实也有道理，靠自己活得有声有色，有这一项本事，怎么不值得人敬佩呢？

靠人者自困，靠己者自渡。

或许我们可以“在家靠父母，出门靠朋友”，但总有某时某地是亲友所不能及的，总有某一道坎是唯有靠自己才能跨越的。

亲友的支持是热烈持久的火把，路人的好意是带来温暖的火苗。然而火把终有一日会燃烧殆尽，火苗也未必能点燃希望的引信。

永伴我们一生的始终是自己，带来永久温暖和光明的也只能是我们自己。

要想有花开不败的生活，我们须得自己成为春天。

沉住气，
干大事需要闷声

什么样的人算是“成大事者”？

大概就是心里有数、行事有度、说话靠谱的人。

01

不知不觉又到了教师资格考试出成绩的时候，看到网上有人十分崩溃地分享经历：

成年以来的三次重大考试——考研、考公、考编，无论是备考阶段还是面试、复试阶段，自己都让家人不要到处张扬，但家人要么嘴上答应，转头便在家族群、同学群、朋友圈四处传播，要么就干脆表示：“说说能怎样？好像谁要害你似的！”

据这位网友描述，她原本是在家准备教师资格考试，因此经常有来串门的亲戚问东问西，搅得她十分心烦。

比方说，有的亲戚如上级视察慰问一般，把正在刷题的她叫出去应酬几句，“题背没背”“紧不紧张”“如何去考场”等问过一轮，还要安抚讲话并要求她表态；有的亲戚含沙射影、不怀好意，提高嗓门说些“谁谁没考上”“今年可难了”“考下来也拿不到编制”之类的话；有的亲戚带着七八岁、十七八岁的孩子上门求教，让她讲题、讲经验，她不笑脸相迎就说“这素质还想当老师”……

后来她从家里搬了出去，虽然避免了亲戚当面打扰，但一想到父母会将自己的事到处宣传，在一众亲友中引发热议，就莫名感觉精神压力倍增。

评论区里，有人觉得父母不该在“八字没一撇”的时候到处讲，也有人恨铁不成钢地留言：“有什么考试是家长不知情你就考不成的吗？你别告诉父母你要考啥不就好了？”

言多必有数短之处。

口舌如刀，话多不仅伤人，也伤己。从小到大，我们听过不少教人言语谨慎的故事，然而在现实生活中，我们还是会一不留神就成了他人引以为戒的故事主角，可见“管住嘴”实在是一场艰苦的自我斗争。

其实我很能理解这位网友的“不长记性”，总想把自己的动态告诉父母是人之常情，因为我就是明知道得不到预期回应也还是忍不住张嘴的类型。但我比她更加幸运，因为我和父母的分歧在于对对自己好的看法不同，当我坚决拒绝父母的建议，坚持自己的选择时，即使得不到他们的理解，也不会被他们拆台。

可是，每个家庭都有着特殊的“生态”。

在网络的“咫尺天涯”中，我们可以见到自家孩子刚过初试就把准考证、成绩单不打码发出来的欢喜父母，也可以见到因为家人太过招摇而惹上小人使绊子，导致大好机会泡汤的绝望子女。

在这些事件的评论区里，永远有大批人苦口婆心地劝说要保密，批评泄密举动。

这世上固然有着许多可爱的人和真挚的善意，但我们大可不必去考验别人的嘴到底有多严，也不必给自己加一个“嘴不严”的标签。

事以密成，言以泄败。老祖宗早就告诉过我们，谨言慎行方是上策。

一个秘密一旦被第二个人知道，就不再是秘密了。

我们如果在意一件事的成败，首先便不要将其宣之于口。因为期许和嫉妒都会带来额外的压力，而泄密将制造出一个又一个压力源泉。

“天机不可泄露”，我们不妨闭好嘴巴，默默做事，事成之后给自己和他人惊喜。

02

听说小惠是因“话多，嘴不严”而失去工作机会的典型。

小惠几经辗转，终于找到了一份专业对口自己又喜欢的工作，还是管理层岗位。一入新单位，她就摩拳擦掌，想要开启事业宏图。

她一条条和朋友盘算过：我本来就学这个专业，具备扎实的基础知识；我从事过相关领域的工作，无论在专业技能上还是在职场阅历上都不是新手；我特别热爱这份工作，老板非常认可我……

朋友不了解小惠的行业，但她列举的每一条都很有道理，所以朋友也觉得她自此可以大展拳脚了。但过了一段时间，小惠沮丧地告诉朋友，领导露出口风要给她调岗，她感觉自己在新单位待不长了。

果然，实习期一过，小惠就失去了心仪的工作。

小惠这次折戟沉沙不为别的，是悄悄被一些老员工和小领导投“反对票”了。她总是流露出要大刀阔斧改革的意思，正式任命还没有下来就开始“站在领导的位置上思考”，结果老板觉得她“不稳当、不务实，还是太年轻”。

事后想一想，不管小惠提出的意见、计划的可行性究竟如何，她还没在新单位站稳脚跟，就把场面搞得轰轰烈烈，在部分人眼中确实有不安分、不可靠之嫌。

小惠拉着朋友复盘时流露出十足的后悔：“我太急了，还不到该我说话的时候，大概我在他们心中已经成了一个‘显眼包’了。”

成大事者有三戒：毋贪，毋忿，毋急。

《人民日报》上刊登的一篇文章写道：“不懂得为成功忍耐，就要忍耐失败。”

从前看民俗故事时，看到有些地方有“上船不思岸上人”的讲究，即行船江河上，人不能乱说话，尤其不能说自己的私事。以现代人的眼光看，这主要是强调船上作业不能分心，或者要船员和乘客勿暴露个人隐私。

联想到人们常以“长河”比喻人生岁月，更觉这类民俗有些意思。人要是管不住自己的嘴巴，不就容易在“生命长河”里“遇浪翻船”吗？

很多时候，人生波折不是起于外界的风雨，而是源于自己的口舌。

沉得住气，方能成器；低得下头，方能抬头。

03

在“闷声干大事”方面，我的发小阿绮是个成功的典范。

阿绮平时和我们联系不多，偶尔才在发小群里冒出来，打趣几句、问候两声又销声匿迹。

这也与我们这个密友群只看重互相提供情绪价值，并不关注彼此的私生活有关。

我们偶尔会往群里发个搞笑视频，或互相确认下存活状况，联系并不频繁。但我们这些人的境况彼此都多少了解一些，唯独阿绮仿佛进山修道般神秘。

有一天，我的母亲突然问我：“我前几天散步遇到阿绮妈妈了，阿绮在做什么呢？”我这才惊讶地意识到我们对阿绮的消息知道得太少了。老家这座小城不大，我的母亲和发小们的父母时常遇上，有时她的消息可比我还灵通。

可母亲和阿绮的母亲见过，竟也不清楚阿绮的近况？

我忙在群里呼叫阿绮，阿绮未答，只有其他人零零散散说了些自己知道的情况。我们半是担心半是调侃地说：“阿绮，你要是被绑架了，给我们发个微笑表情啊。”

大概因为我们实在过于吵闹，阿绮终于冒出来，说自己退伍后开了一家公司，这两年在努力赚钱养公司，之前没跟任何人提起是因为公司还没走上正轨。

是的，阿绮创业没有跟任何人说，包括家人。按照阿绮的说法，家里人知道她有吃有喝就行了，她既不需要家里的资金支持，也不需要家人在她的公司业务上支招，创业阶段嘛，没必要到处说。

“累，资金紧张，客户跑单了，被骗了……，说出来只能让亲友着急。而且谁家都有几门糟心亲戚，你们也懂，有些话说出来就是给自己招麻烦。”隔着屏幕也能听出阿绮微带笑意的话语中透露出沉着，“之前好几次我都以为公司活不下来了，现在能稍微松口气了，不过我还是不敢大意。”

阿绮从小就是这样，一件事没出结果前，她不会主动向任何人提起，这次也是她的一贯作风罢了。正因如此，她口中的“行了”和“不成”，总是格外有分量的。

智者说，成大事者，须有静气。人唯有静下心来，方能坚定人生的大方向。

从前长辈叫我学着“静”，我以为“静”是安静、文静，并不曾用心体会。现在年岁渐长，便品出“静”的意味来了。

凡欲谋事，须平心静气，勿多言妄言，让约束口舌成为达到目标的良好开端。

答案都在路上，自由都在风里

与其等风来，

不如追风去。

我们想要的不在远方，

而在路上。

01

一天，母亲很高兴地告诉我："你李姨的饭店开张了。"我有不少"李姨"，因此猛然听闻有点茫然。就在我茫然之际，母亲自顾自地给我讲了这位"李姨"少年时期的故事。

李姨前半生一直在各处辗转，她在火车站前卖过雪糕，在餐馆后厨当过帮工，在地下商场做过售货员，期间她正常结婚生子、养儿育女，并不时对着自己的存折盘算一笔笔积蓄，看起来和大多数普通人一样。

在十六七的年纪，别的年轻女孩盘算着攒钱，期盼在贴补家用之余还能偶尔给自己添置一件时兴的衣裳；李姨也攒钱，却计划买些烟酒糖茶请餐馆的大厨师为自己说说好话。

二十岁的时候，她被大厨师推荐给管后厨的小领导，如愿进了饭店，待大厨师更加殷勤。这在当时确实是一份不错的工作，大家都夸她眼光好，会打算。后来，饭店效益下滑，许多员工纷纷另谋生路，可李姨不肯走，直到她和一些同事被饭店纳入“节流”计划。

二十五岁，她在商场找了个卖服装的活计，下午四五点下了班，她仍然去向大厨师“献殷勤”。大厨师上了年岁，正处于“半退休”状态，于是将自己做厨子的经验传授给了李姨。李姨干脆以大厨师的徒弟自居，愈发恭敬，哪怕三十多岁的时候跟丈夫离了老家在外打拼，也常与其联系。

家乡人偶尔会不解地说：“谁也不知道这一老一少怎么就这么投缘！这姑娘打小就爱往厨师身边凑！”

四十岁的时候，家里生活条件好了些，李姨问丈夫有没有自己开家饭店的想法。丈夫没兴趣，于是李姨继续工作存钱。

五十五岁，李姨攒够了钱，终于盘下了一处铺子，开了间家常菜馆。原来从少年时，她就一直计划着开一家自己的饭店。这么多年来，她节衣缩食，努力让自己离梦想更近；人到中年，她无师自通地学会了市场调研；为了减少家人的阻挠，她不肯早早开启养老生活，一心攒钱，直到不用丈夫、儿女添一分钱就可以开店。

家常菜馆开起来了，李姨还略带遗憾地说："可惜年纪大了，颠不动大勺了，好在眼光还是有的。"

听了李姨的故事，我的眼前仿佛出现了一名在漫长路途中跋涉的行人。虽然李姨年轻时待在老家，中年和丈夫去外地定居，一辈子几乎没离开过这两座城市，但我却觉得她已经走出了很远很远。

"路虽远，行则将至"，通过李姨的故事，我体会到了这句话的深意。

人若畏惧未知的前路，抗拒行路的艰辛，即使梦想就在触手可及之处，这咫尺距离也便遥如相隔天际。但只要我们肯迈开脚步，早晚能够有所收获。

路永远是一步一步走出来的。

走在路上的人，不会迷茫。

02

万万是我在一个游戏中认识的网友。我们都是"佛系"玩家，遇上了便聊两句，做一做活动任务，勉强算是游戏搭子。

有时候，万万会对忙碌枯燥的生活吐槽几句，说些类似“我在这里感觉不到趣味”的话。

我会应和她。我也做过一些“没意思”的工作，经历过“没意思”的日子，自然明白她不能从生活中汲取快乐的感受。

有些事情，确实让人没有“获得感”。

“困在原地许久，一直等不到答案，反而失去了自由。不等了，我准备出发了。”

有一阵子，我连着几天没上线，再登入游戏时便发现这句万万的留言。

通过琐碎的信息，我拼凑出万万的故事：一个疲惫的成年人，被家庭、工作，或者说情感、责任束缚在原地，终于有一天，这个人下定决心摆脱枷锁，去寻找自己想要的生活。

万万自己也不知道自己究竟想要什么，因为在她被裹挟着迈步的前半程人生里，她并没有“追寻自我”的意识。但现在她决定自己找出一条路，大概在我看到她的留言时她已经离开了此前被困居的地方，融入了远方的风中。

继留言过后，万万很久没有再上过线，仿佛蒸发了一般。就在我以为她已经奔向我所不知的远方、我们再无缘相逢时，偶然一天，我上线时看到了那个熟悉的头像亮起。

我很快收到了消息：“之前的我一直被束缚，感到迷茫、困顿，不知道人生的意义是什么。偶然看到了一个人分享的故事，我突然找到了自己的人生方向，以后我可能很难再登入这个游戏了。”

万万告诉我，她下定决心去乡村支教。她不想再管生活里的鸡毛蒜皮，只想专心干自己的事业。她说，她其实早想为乡村孩子们做点什么，但她总是心怀顾忌，怕像那些“支教楷模”一样无暇顾及小家，怕像很多最后不得不退出支教事业的人一样受不了艰苦的条件。

这是我和万万第一次如此详细地聊起自己的生活，因为她“过几天就要出发了，在很多人的世界里，就要失联了”。说完这句话，她也告诉我：“但我自己的世界亮起来了。”

我真心为万万高兴，为一个肯迈开脚步追求大爱的人感到欣慰。只要眼前有梦，脚下有路，不管结果如何，都将是人生中一段难得的旅程！

去更远的地方，见更亮的光。

我喜欢这样的句子，大概是因为我的心里常怀着对“远方”的向往。行一程路，见沿途风景，将暗色的心绪暴露在无垠的天地当中，用暖阳、清风、鲜花等美好的事物消解生命每一个阶段的愁郁。

我们都曾陷于迷惘困顿之中，但走在路上，广阔的世界就能解答一切。

03

一次去外地出差，有了半天空闲时间。闲来无事，我索性挑了一条线路长的公交路线，乘着公交车一站站坐下去，随它将我载到哪里，就当是坐旅游观光车了。

最后到了终点站已是郊外，这个时间点没有返回城里的公交车了。还好我遇上了一位好心的司机大姐，她见我人生地不熟，交班后用私车将我从偏僻的终点站带回城市人烟繁华之处，还邀我随她一同去一家口碑好的老馆子吃饭。

吃饭没问题，让好心载我回城区的人再请我吃饭，我可太不好意思了。我们拉扯了几番，那家店也确实价格实惠，司机大姐最终同意了我请客的要求。

坐到店里，暖暖的空调风吹在我们身上，司机大姐不用专注开车了，一改之前的言辞简练，话量翻了一倍还不止。

司机大姐说，自己上大学的时候报了所离家最远的大学，因为要“看世界”。毕业后她天南海北四处漂泊，打过零工，当过文员，后来回老家当了公交车司机。

“估计我是这座小城里走地方最多的人了，我邻居是干工地的，也未必有我去的地方多。”司机大姐露出得意又幸福的表情，可爱极了。

我好奇她为何要四处走，如果喜欢四处走，为什么又最终回到老家。司机大姐回答我：“我想自己还年轻，什么都想看看。”

我便问她：“你现在也不老啊，不想再看看了吗？”

“我现在觉得公交车司机就是我的‘梦中情业’。”司机大姐说，“虽然有人说我‘东一榔头西一棒子’没个定性，但我知道，从前的一次次尝试就是为了找到我心目中最有意思的那件事。现在我找到了。”

我感叹她敢想敢做。司机大姐十分受用，还说：“要是不什么都试试，我做梦也不会想到自己最乐意做的竟然是这一行！”

“我现在也没有停下来。”如今我还记得，在这场偶然的欢聚中，司机大姐曾这样对我说。

很多时候，我们寻寻觅觅，不知道路在何方。有勇气的人不会因此停下脚步，而是走遍万水千山，看遍所有风景，见天地，见众生，见自己。

永远在追寻，永远不满足。或许每个生命都在经历同样的历程，在一成不变中追寻新鲜，在行色匆匆中追寻轻松，像风一样来去，探寻心中的远方。

无论我们所求为何，“行在路上”总归是不错的行为。

“行动起来”，就是最好的答案。

4

爱就是在一起，吃好多好多饭

爱就是在一起，吃好多好多饭

看似柴米油盐的平淡日子，

却浸透着对生活的热爱和情怀。

在爱做饭的人眼里，

生活的底色，

不过就是一碗人间烟火。

01

两年前的一个周末，多年未见的好朋友小怡突然告诉我她要结婚了，让我去做伴娘。我真心为她高兴，一口答应下来并当即订了车票。

上学时，小怡是一个远近闻名的“吃货”，因为贪吃，在学校和家里闹了不少笑话，有些素不相识的老师和家长也听说过“那个特别爱吃的女孩”，人群间流传着她的种种事迹，用现在的流行语来说就是“破圈”了。

后来，我们各自离开家乡，联络也少了，不过她的朋友圈仍然一如既往地充满美食诱惑，就连最普通的馒头小菜在她的描述下也格外有吸引力。

一转眼，“那个特别爱吃的女孩”要步入婚姻殿堂了，我作为伴娘，即将见证她的幸福时刻。

婚礼上，新郎郑重其事地宣誓：“我以后一定会给你做好多好吃的饭菜！”

小怡则大声回应道：“我一定会全部吃光！”

在宾客们善意的哄笑声中，我恍惚想起网上看到的一个故事：同样是在婚礼上，新郎对新娘说：“我要一辈子给你做饭。”新娘则回答：“我要一辈子吃你做的饭。”

一屋两人，三餐四季，充满爱与幸福的生活总有着相似的模样。

“上言加餐食，下言长相忆”，古人将缠绵的浪漫寄托于人间烟火，于平凡之中诞育诗意，一餐一饭，简简单单，尽是爱和期望。

无论是在文人墨客笔下，还是在普通老百姓口中，一席盛宴是愉悦的享受，两盏淡茶是宁静的时光，极致的美味和粗淡的口感都可以成为情感的载体，凝结那些美好珍贵的记忆。能够在恰当的时间、适宜的地点，和喜欢的人一起吃饭，实乃人生一大幸事。

02

过完年回来，大家聊起自己在老家过年那些好玩的事儿。说到家里过年的氛围，小雨给我们讲了一段“老年人的爱情故事”，着实让我们这些自诩已经看破红尘的年轻人狠狠地羡慕了一把。

小雨说，老妈过了腊月二十六就开始催她买票回家，最低要求是必须回家吃年夜饭。由于公司有个项目很急，需要年前加班赶工，她不得已只能年三十才回去。

叮咚——“老妈是我，快开门！”手上的年货让小雨实在腾不出手拿钥匙。

老妈急忙给她打开门，接过她手上的年货。小雨趁换拖鞋的间隙伸头看了一眼，没看到老爸，于是问道：“我爸呢？”

老妈一脸嫌弃地说：“去拿螃蟹了。”小雨正疑惑这大年三十哪儿还卖螃蟹，就听老妈又说：“你二舅家今年买了很多，我让他去拿的。”

接着老妈就开始抱怨：“我早早就让你爸去海鲜市场，他倒好，一起来就往棋馆跑，干脆住那儿得了。”

小雨连声安慰道：“别生气了老妈，你又不是第一天认识我爸，那象棋就是他的命，岁数大了，有点爱好很正常嘛。”

老妈把头一转，说：“我如果是第一天认识你爸，知道他这样，才不和他在一块儿。”

洗完手，小雨和老妈一起包着饺子，说着说着又聊起了爸妈的爱情史。

老妈一边擀饺子皮儿一边对小雨说：“热恋的时候觉得他什么都好，长得高，有点帅，而且勤奋好学。厂里偷偷喜欢你爸的大姑娘有不少，但你爸说，他一见我就生出了想携手一辈子的念头。

“我当时觉得他老土，但是架不住他死缠烂打，天天去厂里接我下班。久而久之，我俩就在一块儿了。

“如今一晃三十多年过去了，一开始的英俊小伙变成了油腻大叔，我不得不接受他大肚腩、臭袜子乱丢、打呼噜这些臭毛病。他这人啊，年龄越来越大，人却越来越幼稚，有的时候真想锤死他又怕没人洗碗。”

老妈嘴上说着嫌弃，可小雨却看到她眼里满是温柔。小雨告诉我们，她知道老妈很幸福。

从小雨记事起，老爸就是一个风风火火的人，同时又是一个很细心的人。他每天去锻炼前一定会把饭做好，方便老妈一起床就能吃到热乎乎的饭菜。他锻炼回来又去洗碗，他说女人的手就是用来呵护的，这些小事就应该男人来做。可这些小事，他一做就是三十多年。

在一阵钥匙开锁的声音后，老爸进了门，洗完手就自然而然地接过了老妈手中的擀面杖。

在老爸进门之前，老妈对小雨说的最后一句话是："不过我有时候觉得现在的他依旧在发光，像个灯塔一样，他在哪里，家就在哪里。"

不知从什么时候开始，老爸的脸上出现了皱纹，而老妈却被照顾得犹如公主一般，看起来比实际年龄显小一些。

小雨告诉我们，这一刻，她似乎看到了爱情的模样。

关于爱情，有人憧憬童话故事里的王子和公主，拥有豪华的马车和漂亮的舞鞋，也有人憧憬杨过和小龙女的江湖柔情，惊心动魄，荡气回肠。但现实中，更多的是普通人的柴米油盐、鸡毛蒜皮，满是人间烟火味，从里到外都透着一股子俗气。

但就是这俗气，却莫名地让人心安，让人感到踏实。

什么是生活？生活就是晨起夜息、柴米油盐，是在琐碎平凡的日子里倾入绵长的爱。

记得有一首歌唱道：“经过风雨才明了，我不再要求那么多。”

少年时我们或许都曾向往波澜壮阔、荡气回肠的情感，但日久天长、热情渐冷，我们才懂得简单的生活和不动声色的陪伴是更值得珍惜的宝藏。

一年四季，一日三餐，一起吃很多很多饭，与爱的人长久相伴。

03

一顿美美的饭不一定非得是龙肝凤髓、山珍海味，它可能只是一碗家常番茄鸡蛋面、一盘清炒空心菜，重要的是谁陪你一起吃饭。只要这个人在，这顿饭就饱含了关心、喜欢和慰藉，让人心里感到暖暖的。

小时候，我很喜欢回乡和奶奶一起摘草莓，摘完以后泡在水里洗干净，满满一盘子吃到饱。但有一天，吃着吃着，我发现了一个问题：奶奶总是会拣那些磕碰过或者烂了的草莓吃，而把完整的、又大又红的草莓留给我吃。

我抬头看着奶奶，很困惑地问：“奶奶，你为什么要先吃烂的再吃好的？”

奶奶慈祥地看着我说：“小孩子肠胃娇，吃到烂的会拉肚子呀。”

原来，有些人的爱不会通过言语表达，但是有好吃的东西，她一定会都留给你。

同样的道理，人们经常把不喜欢的人形容为“倒胃口”。那个你不喜欢的人，会影响你的心情，会让佳酿不再醇厚、瓜果不再香甜，就像错加了一勺调料的饭菜，令你难以下咽。

小月就碰到了那个让她倒胃口的人。小月原本是一个吃一顿美食就能忘记不开心的人，现在却要吃一顿难以下咽的饭，实在是难为她了。

“那个让她倒胃口的人”是小月的室友。

大学宿舍生活刚开始，虽然有很多不习惯，但新环境还是让小月充满了新奇感，她经常会买一些小零食、小摆件什么的放在宿舍。不久，小月发现自己新买的洗发水、沐浴露、小零食等总是很快就见底了。她非常疑惑，以为是自己记错了或者是自己买的产品被厂家偷工减料了。

直到有一天，小月上选修课时身体不舒服，她请了假，提前回到宿舍，发现这个室友正拿着自己的洗面奶洗脸，顺手得好像本来就是她的一样。

小月不想影响宿舍的和睦氛围，便没和另外两个室友说这件事。

这个室友很懒，又不好相处，每次轮到她打扫卫生时，她总是推三阻四；帮她带外卖她总是想不起来给钱，向她要钱她又很不耐烦。

因为这个人，小月开始讨厌宿舍集体生活，也不再打完饭回宿舍跟大家一起吃了。不久，这个室友又不经同意就把小月刚买的酒心巧克力吃了。小月实在忍不住爆发，当着另外两个室友的面将这个室友的毛病一一说出，另外两个室友听到也很震惊。

最后，那个室友碍于面子，申请了调换宿舍。

是啊，吃什么、在哪吃，并不重要，重要的是和什么人一起吃。

如果是自己喜欢的人，和这个人在一起觉得很舒服，那么吃什么、在哪吃就不是很重要了，因为都会觉得很开心。如果和讨厌的人坐一桌吃饭，不管是吃山珍海味还是在米其林餐厅用餐，都会感到难以下咽。

《你是人间理想》中也提到，爱就是在一起吃很多很多年的饭，依然相看两不厌。

是啊，能让你开开心心吃每顿饭的人，必然是一个很爱很爱你的人。所以，要珍惜那个陪你一起吃饭的人，不管是父母、朋友还是恋人。即使生活有点苦，有一个陪你一起享受食物的人，你也能感受到不一样的甜。

知己难遇，知心难求，遇到一个和自己相处愉悦的人十分难得。若你满心期待与某人共进晚餐，那盘子里冒起的热气、锅里响起的咕嘟咕嘟声，就是爱的气息和爱的声音。

简单有趣
过生活

一个人最好的状态，

就是经历风霜雨雪后，

仍然能在简单的生活中感受到幸福。

01

出小区不远，转角处的一家糕点店常年飘出香甜诱人的气味，被这股香味吸引的过路人只要一抬眼，就可以看到橱窗内的鲜花：有时候是一大捧，挤挤挨挨的花儿们站在一只落地大花瓶里，冲路人露出笑脸；有时候是三两朵，用摆在案台上的长颈瓶盛着，显得格外雅致；有时候只是一枝半开的花苞，在向阳角落的玻璃瓶里默默汲水。

时间久了，人们路过时便主动抬起头来，望一望店里有没有新添的花。有客人随口一问怎么每天都有鲜花在店里，店主一边利落地称重结账，一边微笑着回答：“我家那位带回来的，他说看着有意思就摆上了。”满脸都是幸福的色彩。

店主的丈夫和店主多年恩爱，偶尔出现在店里，十回有七八回带着花。

这些花未必都符合通俗意义上的“美”，比如他曾自己设计了一捧鹤望兰和银柳合在一起的花束，宣称就像小鸟栖息在林子里一样柔和静谧。

但艳黄的鹤望兰和各色“小棉团”配在一起，被店主毫不留情吐槽“太吵眼睛了”。店主将“静谧的小鸟栖林”大作摆在老位置上，引发了“众人为之一怔”的视觉冲击效果。据说，店主丈夫在买这束花的时候，卖花的人拦了又拦，最后叮嘱他：“千万跟收花的人说清楚不是我们设计的。”

“糕点店的花”不仅让店主时时洋溢笑容，也为周边人的生活增加了些许趣味。但也有人看见那些包装精致的花束时会说“不实惠”“乱花钱”，店主丈夫若听见了也不反驳，只给店主摆好鲜花，与她相视莞尔。

不过有一次他大概被议论得有些厌烦，低声嘟囔道：“买得起一捧就买一捧，买得起一朵就买一朵，一朵也买不起的时候就自己种呗！”

当时店里人少，店主和几名客人都忍不住笑起来。店主脱下一只套袖，用手肘轻轻推了推他，问："你会种什么花？"

店主丈夫也笑了，说："种葱好不好？也有花，还能当调料。"

客人搭话道："这不错，但你得等老板开了饭店再说！"

鲜花、笑声、点心香气……糕点店里总是弥漫着温馨快乐的气息。不是因为糖分刺激了多巴胺的分泌，而是因为这里有一位总能收到鲜花的店主，她的花里充满了另一个人的爱意。

其实，很多人都不缺礼物，年节、生日、纪念日，一般都会收到礼物。可是，不是所有人都能从礼物中获得长久的快乐，因为并非所有礼物的到来都仅怀着为你的生活增添一二趣味的目的。而那真正予人欢喜的礼物，即使只是一片草叶、一颗石子，也胜过无数珠宝。

某部电视剧里有这样一句话："不是所有人都能获得世俗意义上的成功，大部分人注定需要在日常生活的点点滴滴中去寻找意义。"

困倦清晨里溜进窗子的一缕夏风，寒夜归家时明亮温暖的一束灯光……我们在一生中可以无数次为一件寻常小事向上弯起嘴角，这些看似平凡易得的事物，正是我们所向往的生活的构成元素。

不是只有惊险曲折才算斐然篇章，不是只有扬名立万才算辉煌成就。一枝花、一个会心的微笑、一种简单而有趣的生活方式，都编织着生活的意义。

02

小溪是一个普通的上班族，日复一日过着重复的生活。有时候，她觉得生活没什么意思，在网上发些“人生一眼望得到头”的感慨。这番感慨吸引了许多深有同感的人，小溪愈发期望出现一些“新鲜事”来打破生活这潭宁静的死水。

一天，小溪在等地铁的时候遇到了一位老人家。这位老者头发花白，面容慈祥，随身带的帆布包里装着一本书。等车的间隙，老者腰板挺直立在一根缓冲柱旁，双手捧书认真阅读。

“哪怕上了车坐在座位上再读呢！”小溪暗想，替老者感到腰酸眼花。

可仔细瞧瞧，老者的神情身形并不紧绷，反而一派闲适，仿佛他不是站立于人来人往的车站里，而是窝在宽大的摇椅上。

很快，车到了。老者将一只手放在书页间，另一只手将整本书拢在胸前，举步上车环顾四周，选了一块没人的空地站着。旁边的人要把自己的座位让出来，老者缓声婉拒，又沉浸在书中。

过了一站，车上逐渐拥挤起来，老者便夹好书签，妥当地把书收进包里。

难得遇到新奇事的小溪一直关注着老者，见他不再读书，忍不住搭话："您一直看书，不怕坐过站吗？"

"坐过站，再坐回来就好了。"老者说，"我像你们这个岁数的时候，下班后恨不得立刻回家；现在退休了，多耽搁点时间在路上也没什么。"

一老一少聊了几句，小溪感叹道："您一定读过很多书！您是怎么读进去的呢？"

老者说："我读书是因为喜欢。我也会出门旅游、约人爬山，但我并不愿意花很多精力去吃喝享受、与人玩乐，因为有书读这件事就够我高兴的了。"

老者告诉小溪，精彩的生活不一定复杂，有时候越简单才越真实，越真实才越有趣。

小溪若有所思，她决定改变自己的心态，改变自己的生活方式。她尝试从身边的事情着手，去寻找简单的快乐。渐渐地，她发现做出一桌好菜格外有成就感，将各种零碎物品收纳整齐也是一件趣事……平淡枯燥的生活忽然充满了趣味。

当我听闻这个故事的时候，主人公小溪还没有成为普世概念中的"成功人士"，但她拥有了快乐，这已足够令人艳羡。

创作出无数治愈人心的动漫作品的宫崎骏有这样一个观点："你简单，世界就是童话；你复杂，世界就是迷宫。"

这个观点使我想起一个小故事：有个人在河边钓鱼，每钓上一条就拿尺子量一量。只要是比尺子大的鱼，他都丢回河里。旁人不解："别人都希望钓大鱼，为什么你却将大鱼丢回河里？"他答道："因为我家的锅只有尺子那么长，太大的鱼装不下。"

"够用就好"也是一种不错的生活态度！

人们总是步履匆匆、心怀高远，想要看到更多、得到更多。但世事繁杂、命运莫测，一味求"多"反而使我们失去了从身边简单寻常的事物中汲取快乐的能力。

快乐的人生，其实并不需要太多东西。

未来可以很精彩，而幸福可以很简单。

03

有一支淘金队伍在沙漠中行走，大家都步履沉重，痛苦不堪，只有一个人快乐地走着。别人问他："你为何如此惬意？"他笑着说："因为我带的金子最少。"

有时候快乐真的很简单，少拥有一些就行了。

快递点新来了一个文静的小姑娘。她的嘴角总是微微抿起，看起来温柔和善。一开始人们以为这个姑娘是附近大学出来打零工的学生，因为她干着辛苦的活，却总是心情很好的样子，像极了心思澄澈、一点小事就能快乐一整天的大学生们。

但是，学生怎么有时间整天出来打工呢？时间一久，有人忍不住问她：“你不是学生吗？怎么不见你上课去？”

姑娘笑了：“哪儿看出来我是学生的？我没上过大学。”

小姑娘家境不佳，曾有人建议她贷款上大学，她也很动心。但长期缺乏良好的学习条件，以她的成绩要上个好点的大学十分困难。

“我不是读书的料子，就算上了学也学不出个模样来；要说混个文凭，普通家庭花钱上个大学再找工作也算镀层金，可我们这条件，镀不上金倒搭上家底儿。”姑娘说着，旁人都唏嘘起来，反倒是她自己，不见半点挫败沮丧。

“这孩子也太难了。”来取件的人这样说。

姑娘似乎有点惊讶：“以前是条件不太好，但也不算难。”

在这个姑娘看来，爸妈爱自己，亲戚邻里友善，上学时也交了不错的朋友，日子虽穷不苦；现在自己打了几年工，有了笔积蓄，一家人身体都很健康，更觉生活里的一切烦恼都可以抛开。

在很多人眼里，快递点姑娘的人生并不幸运，她没有更多的物质丰富自己的生活，也没有过多的精力追寻精神享受，人们甚至觉得她表现出的乐观也带有苦难的味道。但当事人自己却说：“说不定我就是因为没有拥有太多东西，才能这样轻松地活着。”

有时候，拥有太多反而是一种负担。

在网友晒出的文摘里看到过这样一段话：“人生没有完美，幸福也没有满分，生活之累，一小半来自生存，一大半来自攀比。”

很多时候，真正使人痛苦的不是一无所有，而是满身累赘却不愿割舍。

柳宗元有一篇小文，说某地人都擅长游泳，一次一艘船遇险，其他人都迅速游到了安全的地方，其中最善水性的人却仍在河里挣扎。原来，他的腰上缠着很重的钱。最后他因不肯舍弃财物而溺亡。一个精通游泳、身怀千钱的人，在旁人看来无疑是小有成就的，可这样一个“有”的人，却迎来了不可挽回的“无”。

如果将经营人生比作烹饪，对“多”的追寻便如同菜肴放入过多香料，菜失去本味，人也无法辨别厨艺高超与否。

删繁就简，去伪存真，或许可以看见更美好的生活。

总有人间一两风，填我十万八千梦

点滴涓流，汇成江河；

点滴美好，凝聚希望。

有时候我们只看到一颗星星，

就会觉得整个世界都亮了。

01

朋友的学妹晴晴打电话来向她诉苦，搅得朋友的心也忧烦起来。

晴晴一毕业就去了北京。北京，是她的梦想之地，为了留在北京，她流了许多汗水，熬了许多夜。可每一次她对别人提起自己的生活，总是充满喜悦和满足，仿佛没有半点不顺。但古人说“长安居，大不易”，现在的年轻人在北京这样的一线城市求生，又怎么会一帆风顺呢？

果然，压力积攒到一定程度，就有了这通电话，让朋友知道了她同样为留居北京辛苦奔波。

每天都要去赶人满为患的公交，挤能把煮鸡蛋压成鸡蛋饼的地铁，最令她头痛的是无人敢质疑的“加班文化”。

所有人都仿佛是无情的生产机器，整日高速运转，不见停歇。加班到月上柳梢，再经过漫长的通勤，到家睡不了几个小时就又要赶回公司，甚至连洗头洗澡都成了一种奢侈，这样快节奏的生活快要将她压垮了。

仓促间说不出别的，朋友只好隔着电话苍白地安慰道：“实现梦想总是很困难，轻易能实现的就不是梦想了，每天努力一点点，总会实现的。至少现在你顺利地留在北京了，不是吗？喂？”

那边忽然再无音信。

朋友急坏了，脑海中闪过一系列“年轻人猝死”的新闻。还好过了一会儿晴晴迷迷糊糊发来消息，解释说自己刚才不小心睡着了，旋即又没了动静。

过了几天，晴晴又打电话过来，给朋友讲她最近发生的事。但隔着电话明显能感觉到，她的语气不似上回低沉，变得轻快起来。

晴晴说，有一天在地铁里，她背包的拉链卡住了，怎么拉都拉不动，最后一用力就扯坏了，包里的东西撒了一地。就是发生了这样一点小事，晴晴回想起自己在这个偌大的城市举目无亲，总是独来独往，每天生活在高压下，忍不住号啕大哭。

旁边的人并没有投来异样的眼光，还有人上前安慰她，一个大姐还将晴晴送到了公司楼下。

大姐也是一个“北漂”，来北京二十多年了，凭着一腔热血坚持到了现在。临别时，她对晴晴说：“小姑娘，生活是很苦的，所以更要好好爱自己。”

茫茫人海，异地他乡，点滴温暖足以触动一个漂泊已久的人。

人们充满善意的眼光、伸出的援手，让晴晴的心情豁然开朗，她从这场邂逅中汲取了对抗困难的勇气。

“因为曾经遇到那些温暖的人，我总觉得生活不至于绝望。”晴晴说。

善良的心灵并非漫山遍野，但也如点点繁星照亮黑夜。

一点温暖，就如火花，它的力量或许不足以烧尽苦痛、照亮黑暗，却能点燃希望之光。

世间总有一二美好，让你的世界更加圆满。

02

有一个女孩当下的生活十分疲惫，她想要彻底放松一下，就离开家乡，去了一座完全陌生的小城。

她在那里租了间屋子，添置了一人份的碗筷和一口小锅，全靠“跑腿”、外卖来采购食材。第一个月里，她一步也没有迈出房门，也不见任何人，就连外卖员也只能敲门后将东西放在门口。

后来她偶尔出门走走，但仍不与任何人说话。再后来，她状态好时便在网上接一些活儿，只用文字与客户沟通。

再后来，在一个晴天，她回应了一位和蔼的老人；在一个雨天，她默默向一位大姐递出了自己的伞……终于有一天，她开始与过去的朋友们联络，向依然关心她的人展示自己的生活状态。

有朋友说：“你的状态真的好了很多。”

这个女孩则告诉她：“因为我的楼下有一排丁香花。”

她刚搬来的时候，这座城市里的丁香已经举起串串花苞。一日她打开窗子，忽然闻到了一股幽香，原来已有丁香花迫不及待地开放了。她开始时不时关注楼下的丁香花，看见有穿着靓丽的阿姨轻轻拍开要攀枝折花的孩子的手，有面容严肃的老爷子拎着粉嫩的大喷壶浇水。

在这个老旧小区里，很少看到穿着物业工服的人员，但每次推开窗子，都看到楼下干净整洁。

被风吹折的树枝有人自发捡走，落在地上的垃圾同样有人送到该去的地方。女孩开始喜欢这个小区。等到所有的丁香花一起开放的时候，她一开窗，仿佛被馥郁的花香推了一把。于是，她开始好奇，走到外面去能闻到多浓郁的香味呢？她重新拾起好奇心和勇气，走出了小小的屋子。

女孩对朋友说：“不知道你能否理解，当我处在那样的环境里，一种微弱而切实存在的触动就产生了。”

使心灵疲惫的女孩迈出房门的，是丁香的芬芳。她在这葱茏茂盛的花树身上，看到了生活中点点滴滴的和谐美好。一缕花香、一声笑语，为空洞而疲乏的生活增添了温馨与活力。

“我需要一点花。”在《花·果子·旅行》中，汪曾祺写道：“我需要花。”至于为什么需要一点花，大概如汪老这般有生活情趣的人，正需要一点亮色、一点馨香，来点燃无限的生机。

汪老的《人间草木》中则有这样一段话：“如果你来访我，我不在，请和我门外的花坐一会儿。它们很温暖，我注视它们很多很多日子了。”

“与花坐坐”确实能使人的一颗心变得柔软，因为我们的魂灵正呼唤着这“一丛花”。

生活予我一点温柔，我予生活万千浪漫。

03

有人说，茫茫人海中，总有一些善良的人，尽管只是从我的世界路过，也曾在某个瞬间照亮过我。

初春，草木萌发，人们开始按捺不住出行的心思。一位博主称自己和朋友相约乘一次绿皮火车，感受“慢旅行”的美妙。

他们买了绿皮车的火车票，乘坐慢悠悠的火车，欣赏沿途的风景。在这悠闲的时光里，大家笑笑闹闹，看窗外云卷云舒，万般惬意。

就这样一路晃晃悠悠，他们到站了。下车的时候人潮拥挤，这一站停留的时间也很短，一位粗心的旅伴将行李箱落在了火车上。

他们赶紧拨打列车工作人员的电话，谁料却被告知行李箱不在原处。同行人有的猜想肯定被陌生人拿走了，有的问工作人员应该如何处理。面对混乱的场面，丢行李的人唉声叹气，埋怨起了自己。

这位旅伴的行李箱里没有贵重物品，但有很多他的“旅伴”——动漫周边。这些都是旅伴的心头好，是宁可丢钱也不能丢的宝贝。

就在此时，工作人员忽然发来消息，说有人捡到了行李箱，现在可以去拿。

他们一行人赶到车站，看到工作人员身边有一个年轻女生，身边放着遗失的行李箱。

原来，这位旅伴的行李箱上贴着显眼的动漫贴纸，他穿戴的衣饰也比较有特点，因此这个女生非常清晰地记得这是他的物品。她发现行李箱的主人下了车，立即将被落下的箱子带下来交给工作人员。

这位博主问她："你这样拎着别人的箱子下来，不怕被人误会，甚至被倒打一耙吗？"

这位女生则说："哪来得及想那么多！我确定这箱子是被落下了，那就带下来交给工作人员处理呗！要是被带去别的车站，不就麻烦了？"

丢箱子的旅伴十分开心，说："虽然差点儿丢了东西，但其实我遇到了一个好心人。"两人互加微信，后来还成了好朋友。

一位萍水相逢的朋友，带来一段短暂但美好的缘分。步入社会后，我们时常抱怨人心险恶，厌弃人与人之间的利益纷争。而当一个"哪来得及想那么多"的人出现在面前，我们依然可以相信，这世间还有很多人，能在此后的生命里，让我们回想起便露出笑意。

中央电视台的综艺节目《你好，生活》中有这样一句话：“在这样的雨夜，好友闲坐，灯火可亲。”

雨夜、好友、明灯，每一个元素都如此平常，但那好友同聚的欢喜、雨夜笑谈的闲适，能拂去疲惫，抚平伤痛，在无数个没有星月的寒凉黑夜中供我们汲取温暖。

若有一夜曾望见灯火，在往后的漫漫长夜，我们的心中就永远亮着一盏明灯。

你笑起来
真像好天气

如果今天乌云密布，

还请你笑一笑。

你笑的时候，

蓝天白云、清风朗月就都在来的路上了。

01

“笑起来眉眼弯弯，像月牙一样”，经常见人们这样形容爱笑的人。小于就是这样一个乐天派的“月牙姑娘”。

她总是在笑，帮助别人时笑，被人帮助时也笑，看到她就像看见了蜜糖。

很少有人知道，她一出生便失去了母亲，在父亲重组家庭后也逐渐失去了父亲。她和奶奶相依为命，一开始父亲偶尔来探望奶奶，还会给小于带一点礼物，后来父亲再婚，有了新的儿女，每月来的就只有父亲给的生活费了。

但小于并不为此难过，她一直觉得有奶奶在身边就足够了。可生命这本书终有完结的一天，陪伴小于长大的奶奶在一个阴天的早上撒手人寰。

得知小于奶奶去世，很多街坊邻居前去吊唁。小于默默地打理着奶奶的后事，忽然有人用不大不小的声音说："真没良心，把她拉扯这么大，居然连一滴眼泪都没掉。"

那天晚上，小于一个人躲在被窝里，终于偷偷哭出声。她记得奶奶说的话："我家娃笑起来真好看，以后多笑笑。没有人疼我家娃，奶奶疼。"

小于哭着低声喃喃："再也没有人疼小于了，奶奶我想你。"

处理完奶奶的后事，小于照常前往学校上课，照常耐心帮助他人，也照常露出温暖的笑容。

"不是说爱笑的女生运气不会差吗？"小于说，"我的生命里会有很多很多欢笑。"

班主任听说了小于家里的事，私下找她谈话，关心地询问她的日常生活。

从那以后，班主任没事就叫小于来家里吃饭，让她与自己的孩子一块儿玩，有时还会给两人讲题，相处得非常融洽，仿佛一家人。

班主任对小于说："在这里不用拘束，把这里当成你自己的家吧，有事随时跟我说。”

小于回赠给班主任一个灿烂的笑容。她知道，像奶奶一样真心关怀她的人，最希望收到的礼物就是她的笑容。

后来，小于考上了心仪的大学，每个假期都会带着打零工赚钱买的礼物去探望班主任。她也经常回到奶奶的遗像前，笑着诉说生活中遇到的好心人、有趣事。

有人说，世界上所有的惊喜和好运，都来自你累积的温柔和善良。认真生活，就能找到命运藏起来的糖果。

当你成为一个肯“笑一笑”的人后，你会在一些人眼中被打上一层柔美的光，他们或许万千言辞难以达意，或许匆匆一晤来不及道一声久别，但他们会用自己的方式告诉你：我很开心遇见你。

生活中会有很多不如意，但遇到困难一定不要沮丧，风雨散尽总会看到彩虹，希望我们都能坚定地笑着朝目标迈进。

02

别赶路，感受路上的风景。山高水远，总有一些美好因你而来。

娇娇是一名高三复读生，转学后和欣欣成为同桌。

一开始，欣欣是不敢和她搭话的，因为在她的印象中，复读生都背负着沉重的心理压力，仿佛一个置于高温中的火药桶。就连班主任都会在复读生进班前特意交代大家抓紧时间学习，不要吵吵嚷嚷打扰新来的同学。

毫不夸张地说，本来算得上落落大方的欣欣，在复读生娇娇坐在自己身边时，有时会忍不住屏住呼吸。所以同桌的第一周，两人只是“点头之交”。

后来在学校开考前的动员大会前，娇娇抬起头浅笑着问欣欣：“要一起去会场吗？”

高三的时候，大家都埋头在书山题海中，即便同班有玩得好的朋友，也没有玩乐的声音。大家表示关怀的流行方式，是见面毫不寒暄直接问：“这道题你看了吧？会做吗？”

所以听到这句带着温柔笑意的“要一起去吗”，欣欣突兀生出“重回人间”之感。这说法并不夸张，因为她已经很久没有和人正常聊天了。

在枯燥紧张的“冲刺阶段”，娇娇激情澎湃地对欣欣说：“我从小的梦想就是退休，我要快快赚足能提前退休的钱，然后做尽喜欢而现在还不能去做的事。”

欣欣则畅谈今后要走遍大江南北，见识不一样的风土民俗。两人的梦想都充满了自由的气息，二人惺惺相惜，暗自将对方视为知己。

在这段相伴的日子里，她们无数次焦虑、低落，幸有好友在一旁鼓励、打气。心领神会的眼神、微微扬起的唇角，是在这段阴霾的日子里开出的鲜艳花朵。

高三一年时间漫长又短暂，熬过这段“黎明前的黑暗”后，两人依依惜别。谁想录取通知书下来后，她们发现二人竟然被同一个学校录取了。

本性开朗的欣欣惊喜得说不出话，素来文静的娇娇放声大笑。翘起的嘴角、爽朗的笑声，交织成一幅美好的风景。

笑对生活，即便波折；心怀梦想，即使遥远。

在每一个平淡或坎坷的日子里，笑容就是最和煦的太阳、最清凉的微风。

愿你我心怀热烈，向阳绽放，用微笑冲淡各种苦难，用行动化去人世间的薄凉。

03

楼下生鲜店的老板娘忧心忡忡地和熟客将说起自家女儿早恋的事。听闻此事，不仅正在称重结账的熟客将注意力集中起来，店里三三两两各处分布的客人们也都竖起了耳朵。

老板娘上高三的女儿喜欢上了班级里一位长相斯文白净的男同学。以前，女儿早上睡不醒、叫不起，常常着急忙慌地往学校冲；现在不用家长叫，自己早早就起床去了学校，就因为那个男孩子喜欢提前到校早读。

熟客笑着安慰："这不也挺好，都有动力上学了，只要别和人胡闹就好了。咱们从前不也是这样过来的？"

老板娘说，不怕一万就怕万一，虽然女儿口中的男孩子千好万好，但高中三年话都没怎么说过，怎么就忽然喜欢上了？而且不管是明恋还是暗恋，本来现在学习压力就大，要是两个孩子因为这方面的事受点刺激，谁也不愿看到！

这担忧是有道理的，客人们都深以为然地点点头。

熟客想了想，问老板娘知不知道女儿为什么忽然喜欢上了这个同学，是因为他长得帅、成绩好，还是因为两人之间发生了什么事情。

老板娘无奈地说："我家孩子帮老师收小组作业，看到了这个男孩的本子上有一句话。"

"看到一句话就喜欢上了？"熟客感到不可思议，店里其他客人也纷纷抬头看着老板娘。弥漫着新鲜果蔬味的生鲜店仿佛成了一片瓜田，大大小小的"猹"屏息凝神。

"你笑起来真像好天气。"老板娘说。见众人一愣，她又重复了一遍，并解释道：“因为人家写了这样一句话，就动心了，这孩子啊……”

熟客失笑道：“是很孩子气，但是……挺好的。”写下这样句子的孩子，喜欢这样句子的孩子，确实都是“好天气”一样的孩子，“我看呐，找个机会跟孩子开诚布公地聊一聊，别耽误了学习就行。”

老板娘若有所思地点点头，店里的客人们也都露出了会心的微笑。

简媜有一部散文集，名曰《你笑起来真像好天气》。带着对书名“笑容清浅、风和日丽”的联想，细细读下去，最令我心生触动的一句话是：“天下没有永远阴霾的天空，只要让生命的太阳自内心升起。”

你笑起来真像好天气，连阳光都变得明媚，清风拂过，万里无云。

生活并不总是和风细雨，就像天气一样，有时阳光明媚，有时狂风骤雨。我们没有办法决定明天是好天气还是坏天气，但可以决定用笑容来迎接全新的每一天。

简单的生活、简单的趣味，加上一抹浅浅的笑容，就是灵魂的最佳点缀。人们往往偏爱拥有纯净笑容的人，从晴朗明媚的笑容中感受纯粹的幸福。

5

做自己，而不是解释自己

别人不喜欢你，不是你的问题

“不喜欢”的理由千千万，

却未必和你好坏有关。

01

同事之间闲来无事常常会讨论些家长里短，尤其是那些回不去的时光，偶尔在生活中谈起，总会引起大家的一番追忆。那次也不知是谁起的头，每个人都讨论起自己从小到大有过几个好朋友。

公司里有个同事，我们都叫她小也。

小也是个热心肠的姑娘，人缘很好，平时谁遇上点难题，她都会主动帮忙，下班和周末时间，也常常和朋友们聚在一起。我一直觉得，只要她愿意，和她相处过的人都会成为她的朋友。但她却说自己一直有个遗憾，或者可以称为困惑。

小也告诉我们，她在人生的每个阶段都收获了很多朋友，只不过，事事都有例外，她也遇到过极度讨厌自己的人。

说到这里，我和其余几个同事诧异极了，大家面面相觑，属实没想到“极度讨厌自己”这种话会在小也的口中出现。毕竟，人这一生，知心朋友难得，但遇到一个“极度讨厌自己”的人似乎也很难。

这个人是小也的大学同班同学。刚入学时，两个人是非常好的朋友。那段时间，两个人总会一起看电影、逛街或吃饭，也会有些闺密之间的八卦时刻。

但从大二开始，这个曾经的好朋友突然就不再理睬小也了。刚开始，小也还没意识到朋友的疏离，像往常一样约对方吃饭，但总会被对方以没时间搪塞。

直到有一次，她站在对方寝室门口，打算敲门进去的时候，听见里面有人说：“烦死了，她怎么一点眼力见儿都没有？都这样了，还天天过来找我，我都表现出这么明显的讨厌了，她还看不出来吗？”那是好朋友的声音。

小也一开始没反应过来朋友口中这个“没眼力见儿”的人是谁，突然她明白了，于是她猛地缩回了打算敲门的手，转身回到自己的寝室。

接下来的日子，小也没再主动找过这位朋友，但在一个班级，难免日日见面。她曾主动打招呼，但都被对方选择性地忽视了。她终于不再欺骗自己，朋友嘴里讨厌的人真的就是她。

她想不明白，两个人没有发生过争执，甚至前一段还一起吃过饭，怎么对方就突然讨厌自己了呢？后来，她鼓起勇气发消息给对方，才发现自己已经被拉黑了。事后，与那位朋友同寝室的人对她说，这位朋友曾在寝室里谈起过与她之间的事："没什么原因，就是突然之间不想和她做朋友了。"

时至今日，小也还在困惑。她说："或许是我无意中的某个举动，也或许是我不经意的某句话，让对方不开心了，才会让她这么讨厌我吧！"她依然在找原因。

但我想，这也许只是对方的一种心理投射，与小也无关。

这也证明了一件事：人缘再好的人，也做不到让所有人都喜欢。

每个人都会经历这个过程，你不是一个人在经历这些不喜欢和唱反调，万事万物都在经历，你并不孤单。区别是，选择怎样去面对。

尼采说："高高兴兴去战斗、去赴宴，不做忧郁的人，不做空想的人。准备应付至难之事，就像去赴宴一样，要健康而完好。"

不是所有指向你的"不会""不行"都意味着是你错了，如果有人质疑你，你可以自检自省，但不要苛责自己。

如果你觉得自己做得对，就不要怀疑自己，别人不喜欢你，并不是你的问题。

02

在网上看到有人非常苦恼地说："我们公司有一个老员工总是针对我。"

原来，她刚刚从别处调动过去，想着要和新同事和谐共事，就打算请自己小组的成员吃饭。结果，这事被另一个小组的女同事知道了，对方怪声怪气地说："不愧是从上级公司调来的，就是豪横！"

其实整个小组没多少人，请客也花费不了太多钱。她和这些新同事不熟悉，不清楚这位同事是故作夸张以活跃气氛，还是确实在阴阳怪气。因为怕会错意引发尴尬，她只笑笑就过去了。

后来，她发现这位同事总是有意无意给她找麻烦。比如，两个小组有些业务需要对接，对方总是黑着一张脸，言行傲慢，态度恶劣，对她说话夹枪带棒。她买了零食分给别人，那个同事说她"小恩小惠邀买人心"；她尽量回避那个同事，把对方当透明人，对方又说她"故作清高傲慢做作"。

她暗地里向其他同事打听，同事们也只说"她这人就这样"。因为这名同事的工作能力确实不错，她就将其当作"怪才怪癖"，尽量包容。但人的容忍不是无限制的，一次偶然的机会，她发现这位同事竟然在领导面前说她的坏话，她这才最终确认了这个人就是对她充满了恶意。

真是莫名其妙！她们之间不存在任何竞争关系，即便如此，还是不能阻挡对方隔三岔五地找碴儿。

在对方又一次当众阴阳自己时，她直接和那位同事大吵了一架，才搞清楚对方为什么一直针对自己。

其实说起来好气又好笑，并没有什么所谓的导火索，只是对方莫名其妙看不上她而已，她的长相、举止、处世风格甚至属相都成了被攻讦的点。

简直不可理喻！但就像有的人所说，小说才需要逻辑，现实生活中就是会有很多毫无逻辑的事情发生。

不过后来，这位遭遇莫名其妙的敌视的网友说："现在想想，发现自己当时简直在冒傻气，我为什么要在意一个如此不可理喻且与自己毫不相关的人的看法呢？搞得自己那段时间极度内耗，伤神伤心，真是不值得！"

镜子很脏的时候，你并不会误以为是自己的脸脏。那为什么别人随口说出糟糕的话时，你会觉得糟糕的是自己？

不要在意一个与你的人生无关的人对你的评价，他不需要对你的人生负责，而你需要对自己的人生负责。

很喜欢华裔作家伍绮诗的小说《无声告白》封面上的那句话：“我们终此一生，就是要摆脱他人的期待，找到真正的自己。”

一个敢于对抗外界否定声音的人，无疑是勇敢的。这种对抗并非“为不同而不同”的叛逆，而是聆听内心的呼声后做出的坚定抉择。

在漫长的一生中，我们将无数次承接来自外界的“不喜欢”和指责，而比所有的辩解与迎合都更有效的应对方法，就是忠于自己的内心，遵从心的指引做自己。

03

一位当老师的朋友分享了自己的两个学生，同时也是其亲戚家孩子的故事。

这是一对双胞胎姊妹，容貌相近而性格截然不同。姐姐开朗活泼，是个“社牛”，走到哪里都能迅速和人打成一片，但学习成绩平平；妹妹则内向敏感，路上见到熟人都不能坦然打招呼，但成绩很好，一直名列前茅。

有些兄弟姊妹会走上“相爱相杀”的道路，这对双生子关系既好又不好。说关系好，是因为她们决不允许别人欺负自己的姐妹，就连父母也不可以做出偏向自己而忽视对方的事情；说关系不好，是因为她们总是互相比较，一向处事大方的姐姐会对妹妹的好成绩酸言酸语，而为人温柔可亲的妹妹也会在姐姐面前刻意“显摆”自己。

后来，姐姐去了三本大学，妹妹考上了理想院校。大学毕业在即，姐姐凭借良好的交际能力迅速找到了一份工作，妹妹却陷入了“毕业即失业”的困局。妹妹开始在努力找工作和继续读书之间徘徊，举棋不定，心生郁结。

听闻消息，姐姐当即赶到妹妹身边，发现妹妹十分憔悴。姊妹俩一边吵嘴一边相互依偎，姐姐对妹妹说：“你要是想继续读书，那就专心准备考试，家里会支持你，我有工作，可以养活自己，也可以支援你，你不会有太大经济压力。说起来，我是羡慕你的，我要是读书的料子，才不想年纪轻轻就走上社会，挣那仨瓜俩枣的，真是对不起我的大好年华。”

妹妹沉默片刻，说：“我也很羡慕你，从小就羡慕你，除了考试你好像什么都很厉害。去面试的时候我也发现了，像我这样只是成绩还行但过于内向的人，人家面试官根本看不上；反倒是和你差不多性格的人，更被人看好。”

原来，姊妹俩多年针锋相对是因为互相羡慕。姐姐羡慕妹妹的好成绩，妹妹羡慕姐姐天生的交际能力。在她们的眼里，这个与自己出身同一个家庭、同样年龄、相似相貌的人，所拥有的应当和自己别无二般才对。她们的心里时常会响起一个声音：“为什么我做不到像她那样？”

这姊妹俩有幸在一个和谐的氛围中成长，没有和自己最亲密的人真正产生龃龉。但世上还有很多人被困在“为什么我不能像别人那样”的魔咒里。

羡慕别人轻松掌握几何公式，羡慕别人在运动场上身姿矫健，羡慕别人在公众面前侃侃而谈，羡慕别人处理人际关系得心应手……忧惧于“人有我无”，仿佛自己身上每一处与他人不一样的地方，都是难以掩饰的缺口。

如果将人比作瓷器，有的人即使身边尽是圆满无瑕之人，也会为自己拥有缺口而与众不同感到高兴；有的人身处黯淡蒙尘的人群中，反而为自己釉层上的闪光莫名感到羞耻。

有个人说得好：“内心强大的秘诀是，我永远喜欢我自己，我有勇气敞开心扉欢迎一切新的变化和想法。我永远不因为别人的反应而惶恐不安，不因外界的评价而自我怀疑。我允许自己被否定，我无需认同，也不会在意。”

内心的力量来源于对自己的喜爱和接纳。爱自己，是自信的基石，是勇气的源泉。我们只有认可自己，对自己抱有期待，才敢于向热爱的生活迈开脚步。

人们常说，一个人只有善待自己，才会被世界温柔以待。当我们用爱填满自己，希望也就填满了我们的世界。

做自己，
而不是解释自己

如果你是一朵花，

只要静静地绽放，

默默地散发芬芳就好，

不必向别人过多地解释自己。

懂得欣赏你的人，

自然能懂你的美好。

01

我之前有一段心神俱疲的工作经历。那时候，工作到深夜是常有的事。

一天晚上，像往常一样夜空如墨，我的面前又摆着一份被甲方打回的方案。疲惫极了，我只能先下班调整状态。熟练地走上回家的小路，小路相比于灯红酒绿的酒吧街少了些喧嚣，有我深夜加班后最想要的清静。但是这一次，我望着那条灯红酒绿的街道莫名移不开脚步，鬼使神差地走了过去。

这里没有我想象的乌烟瘴气，只有舒缓的音乐、低声交谈的三三两两的人群……看来，我也免不了被刻板印象所干扰。在这间酒吧里，没有性骚扰，也没有借醉捣乱的人，更多的是大家享受这份宁静。

我坐下后，不太熟练地让服务员给我一杯招牌酒。很意外，在这里看到了一个小时候的朋友，她居然是一名酒吧驻场歌手！可能我的目光过于灼热，她也看到了人群中的我，并回了我一个微笑。

表演结束后，她来到我身边，为我介绍店里好喝的调酒，并把下次演出时间告诉我，让我没事过来玩。我欣然答应。

到家之后，妈妈打来视频电话，看到我一脸愁容，问我是不是工作不顺利。我没有回答，成年人已经习惯了报喜不报忧。说着说着，我与妈妈聊了我的“深夜历险”。妈妈告诉我，她听说我那位朋友不顾父母亲戚反对，坚持去酒吧陪唱。

我反驳道：“那是驻唱，和陪唱完全是两种概念。”

我不禁回想起我进酒吧之前的想法，连我都有如此根深蒂固的刻板印象，更何况老一辈人呢？朋友一定也为自己的工作、自己的梦想辩解过，但想必不是所有人都愿意更新自己的认知。

按照和朋友约定的时间，我又一次来到了酒吧（准确地说是清吧）听她演唱。此时在台上的她仿佛全身都在发着光，令人挪不开眼睛。

演唱结束后，她下来与我闲聊。原来她从小的梦想就是当一个吉他弹唱者，希望自己能有一个小舞台唱歌给别人听。她告诉我自己遭遇了很多非议，但她并没有因此放弃，反而更加坚定了信念。

我问她为什么。她跟我说："难道要因为别人的非议放弃内心所爱吗？我就活一次，为什么要在意别人的眼光？"

我思考着她说的话，想着坚持自己所热爱的事情，确实很酷。

日本作家村上春树在《舞！舞！舞！》中写道："不是所有的鱼都生活在同一片海里。"

不必强求别人理解，也不需追寻万众认同。向别人解释自己，就像一条北极鳕鱼非要热带鱼类理解5℃以下的水是什么触感，有难以去除的隔阂感。

你要明白，每个人的生活都围绕自己展开，没有谁是为了别人的眼光存在。不要被别人的评价束缚，不要担心受到别人的议论抨击。因为不管我们怎么解释，永远都会有人不理解，甚至还要质疑和反对。与其把时间浪费在无意义的解释和争辩中，不如集中精力去做自己想做的事。

在你起飞前，谁都可以将反对和贬低的意见灌入你的耳中；而当你翱翔九天，那些聒噪的声音自然会消散。

02

老板带着怒火的声音从办公室门内传来，初来乍到的实习生们瑟瑟发抖，深谙老板脾气的老员工们立即做出埋头苦干的样子，只有一位打扮干练的“精英人士”露出不卑不亢的神情……在影视剧中，这位干练的精英多半就是主角了。

小姜在行业大环境里算不上知名人物，但在自己的生活里，她是当之无愧的主角。

小姜的老板是个耿直的人，说好听点是“直言直语”，说不好听就是脾气急躁。整个公司里没有谁没挨过他的训，据说他早年的合伙人就是因为忍受不了他的脾气而与他分道扬镳。

小姜一开始也遭受过来自老板的狂风暴雨。渐渐地，老板发现小姜是个习惯就事论事且很有想法的人，便对这个年轻人多了几分欣赏，觉得她“对脾气”。有时候他们也会因一件事发生激烈争执，但等老板冷静下来，就会将小姜叫回办公室继续平心静气地讨论。在其他人眼中，老板对小姜多了几分和颜悦色。

时间久了，自以为看出“端倪”的同事们在背地里议论起来，一些风言风语传入了小姜耳中。

起初，小姜颇觉无措。毕竟她刚步入职场，此前还没遇到过这样恶意满满的揣测和污蔑。她想向人解释，想向恶意传言的人讨个说法，想让老板出面压下这股歪风……可思前想后，她意识到这些恶意和偏见既已发起，真相就不再是那些津津有味议论着的人们所在意的了。

小姜心想，与其浪费口舌企求别人相信自己，活在别人的眼光里，不如安心做自己。

于是，她照常出入老板办公室，顶着老板的“火山爆发”坦然表达自己的观点和建议，兴致勃勃地接下业务中“难啃的骨头”。她曾对自己的好友说，老板的脾气确实不好，但他不会觉得她据理力争有损领导威严而“秋后算账”。

“我可以把全部精力放在工作上，领导也好，同事也好，都不需要花额外的心思，我觉得工作是纯粹的、快乐的。”

随着时间流逝，她一次次完成公司交办的艰巨任务，解决客户提出的一个个刁钻问题，她的实力全公司有目共睹。自然而然地，她成了公司的顶梁柱之一，在老板面前拥有了更大的话语权。那些曾困扰她的流言蜚语也都散去了，她最终用实力而非解释证明了自己。

“人生这条路很长，未来犹如星辰大海般璀璨，不必踌躇于过去的半亩方塘。那些所谓的遗憾，可能是一种成长；那些曾受过的伤，终会为前方的路照亮。”

每个阶段，我们都不得不承受相应的压力，并不断向他人展示、剖析自己，以求避免那些令人难耐的噪声和目光。但终有一天我们会发现，我们无法左右别人的言行，也不必试图转变别人的思想，因为在意他人的目光无疑是给自己上了一道枷锁。

人生既漫长又短暂。因为漫长，所以不必在意一些人对我们的质疑，不必着急解释；因为短暂，所以要全身心投入那些值得做的事，而不是做无意义的解释。

我们的生命，应该由我们自己定义。

03

朋友告诉我，他陪着自己的发小在山上看了一夜星星。

他发小的名字就叫星辰，一天突然飞过来找他，提议去附近的山上看风景，说晚上还会有流星。朋友半信半疑，但还是开车带他来到附近的山上。

夜幕降临，每一颗繁星都如同璀璨的宝石，静静地镶嵌在夜空上，熠熠生辉。记得《小王子》中有句话：“星星发亮，是为了让每一个人有一天都能找到属于自己的星星。”

夜空下，朋友问星辰为什么突然想到来这里看星星。星辰眼角下垂，叹了一口气，说他这三十年好像一个木偶任人摆布，父母以“家人”之名强烈地干扰着他的人生，无论大事小事，他都没有任何发言权。

星辰的前半生几句话就可以讲完：不停地为进重点学校努力；高考后，上了一个本地不错的大学；毕业之后，听从家里的安排去考公；成功“上岸”后，过着日复一日的枯燥生活。

星辰对朋友说，他每天最讨厌的事情就是早上睁开眼睛，因为一醒来就要重复前一天的轨迹，没劲透了。

朋友说：“可是你的起跑线已经是大多数人的终点了。”

星辰家境优渥，自己也很争气，一直是别人羡慕的对象。但星辰却表示，这不是他想要的生活。

星辰特别喜欢小动物，想拥有一家属于自己的宠物店。可是父母坚决要他要么体体面面走仕途，要么就把自家的公司撑起来。家里的氛围实在令他感到窒息，他一气之下逃了出来。

朋友问星辰：“你想听故事吗？”星辰显然没多大兴趣，但还是耐着性子听了下去：

小熊得到了一张藏宝图，据说藏宝的地方有吃不完的蜂蜜，蜂蜜对它的诱惑使它即刻出发。路途遥远，但小熊好像不知疲倦似的。

它摔入了泥坑。

它途经小河，被食人鱼追赶。

他掉进了猎人的陷阱。

……

历经千难万险，小熊终于抵达了藏宝地，如愿以偿吃到了蜂蜜。

听完故事，星辰说："这头熊可真傻，不过好在最后它吃到了蜂蜜。而我……"

星辰说着说着声音低了下去，似乎在想什么。

朋友对星辰说，如果你真的想明白了自己的人生目标，就不要害怕阻碍，别去计较得失。说不定你下定决心去做以后，理想的生活就会向你奔来。

第二天，星辰坐最早的一班飞机回去了。后来，他如愿开了一家宠物店，但过程有多么艰难，可能只有他自己知道了。

干掉标准答案，你就是标准答案。受困于他人要求的"答案"毫无意义，因为相信你的人自然相信你，而对于不相信你的人，你百口莫辩。

大风刮倒梧桐树，自有旁人论长短。悦己者自成山海，人生缓缓，自有答案。

依稀记得有这样一句话："也许我并不完美，但是各花入各眼，总有人喜欢我这一款。"

我们可以穿自己喜欢的衣服，吃自己喜欢的食物，和相处融洽的人在一起。在人生这条赛道上，免不了有人给我们喝倒彩，但也一定会有掌声属于我们。

当耳边有各种各样的声音时，记得一往无前，不要左顾右盼。大好时光，大好山河，把更多心思用在取悦自己上。

我们要在自己的心里种花。记住，你想种千万朵也好，只种一朵也好，都与他人无关。

会赚钱，
也要会花钱

物质条件是用来交换和体验美好的，

如果把获取物质条件当作唯一目标，

就会忽略真正重要的东西——生活的乐趣。

01

生活在当前的社会中，很难离得开钱这个说来有点俗气的东西，衣食住行、学习医疗，样样都需要用到钱，因此大家都在努力赚钱。赚来的钱，有的人喜欢攒着以应对未来的风险，有的人喜欢花掉来满足当下的各种需求。无论是攒着还是花掉，本都无可厚非。但有的时候，我们还是会被外界的声音影响，陷入自责“乱花钱”的心理泥潭之中。

朋友的哥哥姓李，姑且称他“李哥”。老李今年已经31岁了，在银行上班，工资不算高，难得的是稳定。

前些年家里人帮李哥付了房子首付，他每个月自己还月供，去除吃喝交通等日常费用，留到手里的钱并没有多少。

父母也常常对他说：“不要乱花钱，以后用钱的地方多着呢！”

李哥很好地贯彻了父母的教导，出门能坐公交绝不打车，点外卖要仔细算怎么用优惠券减免划算，买一件喜欢的衣服要犹豫很久。

他花出去的每一笔钱都是精打细算的。有人问他：“金钱好比肥料，如不散入田中，本身并无用处。你每天只进不出的，这样精打细算不累吗？”

李哥也很苦恼，想了想回答道：“怎么不累？谁不想花钱的时候不看价格随便花呢？可我只是一个普通人，我不敢大手大脚。”

是啊，我们都是普通人。普通人的生活到底是什么样？领着普通水平的工资，来维持现有的普通生活。省吃俭用地攒钱，对想要的稍微贵点的东西望而却步。本以为这么勤俭持家，能给生活带来什么改变，可有时候现实却截然相反。

在李哥一心省钱的时候，有人劝他用心“搞钱”——做点副业，比只靠死工资强。一开始李哥不愿意，觉得自己没有做副业的能力和精力，还是不要乱来，因此还被朋友嘲笑没勇气。

后来，李哥不知怎么想通了，闲暇时间研究了一些理财产品，还自学了视频剪辑，挣了一些外快。这时，之前让他做点副业的朋友过来打趣道："你不是不愿意搞副业吗？现在还不是搞起来了！你小子现在也变得花钱大手大脚了！"

这时的李哥不但没觉得不好意思，反而更有底气了。他并不过多解释，只是按照自己的生活节奏，该省的省，该花的花，不会因为有点积蓄就乱花钱，也不会再像以前那样买一点小东西也要精打细算了。他知道自己有赚钱的能力，也相信自己不必向别人解释自己的消费观。

"每一次你花钱，都是在为你想要的世界投票。"

每个人都有独特的消费观。我们只要凭自己的能力赚钱，为了过上美好的生活而花点钱，不必向别人解释哪一笔支出是应有的花销，哪一笔支出是多余的花销。

想起曾经看到的一句话："既会花钱又会赚钱的人，是最幸福的人，因为他享受了两种快乐。"

在成年人的世界中，赚钱不是庸俗的事，花自己赚来的钱也绝不是一种虚荣的举动，只是为自己想要的生活付费而已。

02

在这个流量为王的时代，短视频爆火让许多普通人吃到了互联网红利，从一夜爆红转化为一夜暴富，一字之差却有着紧密的联系。

琪琪恰好是当中幸运的那一个，靠着热爱的舞蹈成了一个小有名气的主播。

一开始，她的视频只是选取自己舞蹈的一个片段，再加上能产生氛围的音乐，没有特别的妆造和布景，全靠舞姿灵动优美吸引人。剪辑手法也不是很难，剪去失误和不必要的部分，合成拼接，一个视频就完成了。虽然视频制作没啥技术含量，但她的舞蹈观赏性强。

随着知名度、粉丝量不断增加，琪琪开始改良自己的视频表达方式，不仅拍摄角度、灯光、道具、布景精益求精，也细致到了每个视频的舞蹈对应不同的服装，相应的妆容、头饰也有所改变。

自然，视频拍摄制作成本也在不断增加。琪琪妈来给她收拾房间时，看着门口堆放的大量快递和试衣间快溢出来的衣服，不禁感叹："这得花多少钱啊！"

琪琪宽慰道："不花钱买点喜欢的东西，怎么有动力赚钱？"

在很多长辈的眼里，惜物惜财是头等重要的事。琪琪的父母也勤俭惯了，原本的琪琪也是一个“新三年、旧三年、缝缝补补又三年”的人，但随着赚得越来越多，她不再过分节俭，甚至有些大手大脚了。她不仅对自己如此，也让家里人享受到了新媒体时代的红利，生活品质有所提升。

琪琪主张：要赚多多的钱，然后花多多的钱。

琪琪爸在旁边忍不住笑道：“你还年轻，未来的路还长。虽然现在赚到了许多，但还是要攒下一些的，不能全部挥霍掉。”

琪琪表示，你们老一辈人认为钱是攒出来的，可实际上，钱是赚出来的。

近些年大家常说，没事就来一场说走就走的旅行，人间烟火很美，你得去看看。可很少有人说，远方的路费很贵，你要攒钱，别去了。

我们尽可以在精神世界享受免费的饕餮盛宴，但在物质世界，赚钱和花钱都是不可回避的现实话题。

想要独立，就得能赚钱会花钱，负担得起自己的生活成本，建造起自己的“安乐窝”。

03

小可的家庭算是比较富裕的，可以说是从小含着金汤匙长大的。但是，她却觉得自己没有一个快乐的童年。

她的童年被各种辅导班、艺术课所占满，连轴转使小小的她常常感到筋疲力尽，但还是要咬着牙坚持。因为小可的爸妈会对她说：“我们花了这么多钱来培养你，你要有出息啊，不然怎么对得起爸妈这么辛苦挣钱？”

尽管小可的零花钱比周围的同龄人都要多，她却不敢乱花钱，因为她知道，这些钱是爸妈辛苦赚来的，是需要她“出息了”才能回报的。每次小可用自己的零花钱都需要提前跟爸妈报备，只要父母对零花钱的去向皱起眉头，小可就深感愧疚和不安。这样的零花钱虽多，却像火焰般炙热烫手，令小可感到窒息和疼痛。

很多人以为小可吝啬，说她“越有钱越抠门”。就连小可的爸妈都觉得“又不缺你钱用，怎么学得这么小气”。

小可在班级几乎没有什么朋友，总是一个人独来独往，偶尔有同学叫她去参加生日会，她也用各种理由搪塞过去。

“她不愿意花钱买生日礼物吧！”大家纷纷鄙夷道。

小可很是伤心，她曾试图向同学解释自己不敢花钱的原因，向父母解释自己需要支用零花钱的原因，但亲身经历告诉她，解释是没有意义的。

一次，班级里一个文静的女孩小叶主动邀请小可去庆祝她的生日。小叶看小可想要拒绝，便拉着她的手晃悠着说道：“我可以不要你的礼物，只要你能来就好了，可以吗？”小可犹豫了片刻，答应了。

小叶生日那天，小可起了个大早，拜托家里的阿姨买菜时给自己带一些可以做水果蛋糕的材料。父母上班走后，她照着网上的教程一步一步制作完成。

带着不太好看的水果蛋糕，小可忐忑地出门了。她担心别人用这个丑丑的蛋糕来起哄，担心邀请自己的小叶觉得自己没诚意。

来到约定的地方，她才发现只有小叶一个人。

原来，小叶作为班上另一个经常独来独往的人，过生日并没有邀请其他人。她一直观察着班里的每一个人，试探着向小可发起了交友请求。

见到小可的那一刻，小叶的眼睛立刻亮了起来，看到小可亲手制作的水果蛋糕更是喜出望外。

终于交到了朋友，小可高兴极了。父母发现了小可的交友行为，照例发表了一番“养你不容易，你要有出息，别贪玩耽误了学习”的训诫。

于是，小可加倍努力学习，在校考好成绩，参加各种比赛获奖，以使自己“有资格”花钱春游踏青、送朋友礼物。

小可长大后，有了工作，也能赚到钱了。渐渐地，认识小可的人发现她变得更加大方自然。

“那当然了，这可是我自己赚来的钱，拿到手我就有资格用了。”小可长舒一口气，满足地说。

支配自己的资产，其实也是一种自由的体现。

在“金钱”这个现实命题前，我们会生出很多慎重。“该攒钱还是花钱”“怎样花钱才是爱自己”……各种声音充斥耳边，以至于我们失去了独立的消费观。

花钱其实并不是简单的满足物欲，很多时候它是我们所思、所求的外在体现，是灵魂得到自由和解放的一方面前提。

会赚钱，也要会花钱。不要盲信他人的消费观，更不必向其他人解释自己的消费观。

永远
不要太依赖别人

一个拥有独立思想的人，

应该是自己的舵手，

是自己的头雁，

是自己的坚实后盾。

01

曾看到一位自媒体作者讲述自己的经历。她在家里排行第二，上有大姐，下有小弟，自己是最不受待见的那个孩子。她家的家庭条件也不是太好，父母一度有过让她辍学的打算。

她怀着对不可预见的未来的恐惧，努力学习，考出了优异的成绩，并鼓起勇气向老师请求帮助。老师了解到她的情况后，指点她申请助学贷款以及学校补贴。出于惜才之心，老师还以让她“打下手”的名义，将一些工作交给她做，让她既能勤工助学，又能从工作中长点见识。

这时候，她终于意识到，自己不必困守小小的一方天地，手足无措地等待父母的支持，自己完全可以养活自己。

“我要感谢我的老师，她教会了我要靠自己活着。”她就这样一边工作一边学习，终于顺利完成学业，找到了工作，在积累了足够的阅历和一定资本后，开启了自己一直向往的生活。

当年上大学时，她在室友的帮助下，第一次成功在论坛里留言，后来还发了第一个帖子。现在，当初对电脑不是很熟悉的她，已经能够独立运营一个自媒体账号，用自己的专业知识和丰富的阅历赢得粉丝的支持和尊重。

她的生活已经有了天翻地覆的变化。曾经认识她的人不敢相信这个落落大方、自信从容的女孩就是从前那个干什么都小心翼翼的小姑娘。但她并未自此止步不前，而是继续学，继续努力。

很喜欢日本漫画家宫崎骏说过的一句话：“不要轻易去依赖一个人，它会成为你的习惯。当分别来临，你失去的不是某个人，而是你精神的支柱。要学会独立行走，它会让你走得更坦然些。”

在网上看到过这样一段文字：

一位太太抱怨说：“我心情不好，因为先生不体贴。”她是把快乐钥匙交给了先生。

一位婆婆诉苦说："我的媳妇不孝顺，我真命苦。"她是把快乐钥匙放在媳妇手里。

一位员工吐槽说："老板不赏识我，所以我情绪低落。"他是把快乐钥匙交给了老板。

把自己的快乐寄托在他人身上，悲喜便由不得自己决定。当我们走过一段人生路，经过一些人生事，就会发现别人给予的安全感如同水中月、指间沙，只有靠自己才能活得硬气，过得快乐。

要时刻记得，没有人是你永远的光，能一次次点亮你的人生。命运就像一条长河，在湍流浪涛中，我们终要学会自渡，而不是等待那不知会不会到来的救生艇。

我是我归途的航灯，我是我避风的港湾，我是我坚固的后盾，我是我有力的强援。我们自己才是自己安全感的来源。

02

路遥在《平凡的世界》里写道："靠自己生活，灵魂都是安宁的。"

有一个到饭店询问是否招杂工的女孩引起了我的注意。当时过了晚高峰，店里没什么人了，另一位客人、老板和这个想打零工的女孩就聊了起来。

女孩看起来年纪比较小，客人问女孩是不是在筹备大学学费。女孩告诉他们，自己其实早已毕业，并很快找到了一份工作，但这份工作做起来并不如所想的那样，所以她逐渐生出了寻找真正适合自己的工作的想法。

当时已经入职一段时间了，她为工作每天忙得焦头烂额，根本没时间去做自己喜欢的事，于是干脆辞职了。

“我找到了自己感兴趣的事业，打算先花钱报一个培训班，学一些专业技能。”女孩说。她租住的房子还有大半年租期，工作后也有了点积蓄，但她怕有意外的大额开销，也怕除报班学课外什么都不做会变得头脑不清醒。

“我看好多人吐槽，要是除了学习什么安排也没有，脑子会变得木呆呆的。”女孩觉得自己一边打零工一边学习，或许能更加安心。

这时，老板忍不住问她：“但你这样挺辛苦吧？你家人呢，不资助你一点？”

女孩只笑笑说：“我自己不就够可靠了吗？”

不知道这个女孩避而不谈的是一段悲伤的家庭故事，还是她单纯想自立自强，不管怎样，比起依靠别人，自己确实才是自己最好的“撑伞人”。

有人说，人之所以要努力，是为了尽可能地把命运攥在自己手里；是为了在这个有时不讲理的世界里更体面、更有底气地活着，拥有更多的选择权和主动权；是为了当遇到喜欢的人和想要做的事的时候，除了一片真心和一腔热情，还有其他拿得出手的东西。

这话不错。我们偶尔可以钻入他人的羽翼下寻求一份安心与庇护，但要自在地翱翔于天际，必须有一双属于自己的强健翅膀。

说到底，安全感这东西，自己给自己才最可靠。

03

据说，某位作家的妹妹希望转行写文章，让姐姐用她的资源和才能帮衬自己一把。但作家只让妹妹去写，一直写。妹妹一年写了十几篇文章，姐姐终于开口说有的文章写得不错。

妹妹松了口气，请姐姐帮忙改稿、发表，但姐姐却让妹妹自己改、一直改。妹妹一度觉得姐姐不近人情，可后来文章成功发表后，她意识到，姐姐这样做是怕她过于依赖他人，以至于不能激发出自己的潜力，无法在业界立足。

读过这个故事，我想起从前听说的一件事情。

有一个男孩，我们姑且称他为小乙，和大伯家的堂哥一块儿长大，两家关系不错，来往密切。

小乙从小就是堂哥的“小跟班”，大伯多次当众要堂哥照顾好小乙，小乙的父母也常说遇到困难可以找堂哥，同学们也因为他有个会做“木飞镖”等小玩意儿的哥哥而羡慕他、追捧他。

小乙本来就不是十分有主见的人，因此跟着堂哥行动正合他意。后来兄弟俩年岁渐长，小乙还是甘于做堂哥的“小跟班”，堂哥可不愿意让这么大个弟弟天天跟着自己、让自己拿主意。

小乙无比失落，感觉堂哥“变了”，不再是小时候处处关照自己的大哥了。这时他的家人才发现，自己的儿子一点主见也没有，遇事只会问别人“怎么办”。

两家人本想让兄弟俩相互扶持、长大成材，谁知一棵树过度依靠另一棵树，反倒失去了长成参天大树的机会。

张爱玲说：“无论谁离开了你，别忘了在他来之前，你本来就是一个人生活。”这句话不仅适用于恋情，同样适用于每一段人际关系。

比起依赖他人，自缚于狭隘的空间里，不如多学本领，多走些路，在独立面对广阔的世界中塑造更强的自己。

这个世界上没有谁会一直在你的身边，人们来来去去，只是彼此生命中的过客。尽管人际关系伴随着互相扶持，但依赖他人过多却可能弱化我们自身的能力。

愿你能成为不为了他人而活也不依靠他人而活的人，独立而从容。

感谢那个
爱上孤独的自己

孤独不是一种悲剧，

它能让人寻到更真实有力的自己。

01

有人把人生的孤独分成十个等级：第一级是一个人逛街，第二级是一个人看电影，第三级是一个人喝酒，第四级是一个人吃火锅，第五级是一个人看病，第六级是一个人旅行，第七级是一个人搬家，第八级是一觉醒来信息为零，第九级是一个人做完手术，妈妈恰好打来电话，你故作镇定地说“放心吧”，第十级是你觉得这些都是正常的生活。

虽然这种等级划分未必符合实况，但还是能戳中无数独自漂泊在外的人的心。

回想过去一个人北漂的时候，张张总感觉自己与这个辉煌的城市格格不入。她白天工作，晚上一个人蜷缩在租来的小房间里，日复一日地过着乏味且枯燥的生活。她感觉周围全是大雾，看不见未来，感觉随时都要迷失在这大雾之中。

冬夜，张张独自一人顶着寒风不知道走了多久，周围一片光明，那矗立在路旁的街灯照亮了黑夜，仿佛警卫誓要驱散这城市里所有的黑暗似的。

看着路灯下的影子畏畏缩缩地躲在脚下不敢拉长，张张不知道自己到底要走到哪里去，说实话她是迷茫的。

但是她真的不想再回到那空落落的小房间里待着，相比好像要把她的脸撕裂的寒风，那能带来温暖的小屋反而让张张更加恐慌。

张张时不时还会想起毕业之前那个阳光、自信、明媚的自己，对很多事情都保持着旺盛的好奇心。那时的她憧憬着不切实际的未来，可现实却狠狠给她上了一课，她发现自己已经很久没有开心地笑过了。

转眼春暖花开，痛苦思考了一整个冬天的张张决定摆脱这种现状，她开始尝试一个人下了班去逛街、看电影、逛书店、逛公园，去记录自己遇见的一切美好的事情。

相比下班后直接回到出租屋，这样的生活变得更丰富了，仿佛时间都被拉长了。张张不再厌烦一个人的日子，逐渐投入这个打着孤独旗号的旅程，试图在里面找寻乐趣。

久而久之，张张爱上了这种生活。这是一种与过去截然相反的生活状态，它让她在生活里找到了目标，坚定地做自己。

正如诗人莱蒙托夫的《帆》，被引进国内重新诠释后，最终形成的版本——《一只孤独的船》所写的那样：

一只船孤独地航行在海上，
它既不寻求幸福，
也不逃避幸福。

它只是向前航行，
底下是沉静碧蓝的大海，
而头顶是金色的太阳。

将要直面的，
与已成为过往的，
较之深埋于它内心的，
皆为微沫。

当我一字一句读完这首诗时，心境瞬间变得平静而旷达。

无论过去如何，我很感谢曾经那个爱上孤独的自己。

正是因为学会了与孤独相伴，我才有勇气选择自己想要的生活，并在这略显孤独的路上越走越坚定。

愿我们都能成为自己生命航程的船长，即使过着最艰难的生活，也一定不要丢掉自己的梦想。

02

小莫的弟弟因为公司临时开会，打电话给小莫，让她去宠物店接一下自己送去洗澡的小狗。小狗的品种是柯基，耳朵挺立着，屁股随着小短腿的迈动一颤一颤的，看起来很是可爱。

小狗名叫乐乐。乐乐洗完澡，一点点被吹干，像是一个棉花团，看起来比上次在弟弟家看到的干净了不是一星半点。“幸福得膨胀起来”，小莫忽然想到这样一句话。

在店员给乐乐吹毛的间隙，小莫在宠物店里四处逛了逛，发现有很多关在笼子里的宠物，其中有一只白色小猫待在不显眼的角落里。它的眼睛紧闭着，雪白的皮毛，乍一看好像一团大绒球。正当小莫想凑近了仔细看看它时，它的眼睛突然睁开，浅蓝色的眼珠注视着小莫，小莫的心都要化了。

她突然生出了把它带回家的念头。这时乐乐已经被吹干，小莫在犹豫中，带着乐乐走出了宠物店。

傍晚，弟弟为了答谢小莫帮他接乐乐，请她吃饭。餐桌上，小莫将今天在宠物店看到的白色小猫讲给了弟弟。

弟弟告诉小莫，他本来也想养一只小猫，但工作实在太忙了，照顾乐乐都已经得硬挤出来时间。小莫弟弟紧接着说道：“这不，今天还得麻烦你跑一趟去接乐乐。这要是再来只小猫，我估计得跟陀螺一样忙得转个不停了。”

说说笑笑后，弟弟还是建议小莫养一只宠物，烦闷的时候有个伴儿，无论再忙，只要想起家里有一个小生命正等着自己，就会感觉生活有了动力。

听了弟弟的话，小莫去宠物店带回了那只小白猫。看着它趴在自己精心布置的小窝里，小莫莫名地感到安心，意识到自己再也不是孤独的一个人了。

每天下班回家，开门前就仿佛能看到一个白色身影在门口走来走去。开门后，它灵动的大眼睛注视着自己，两个前爪扒着自己，在自己的腿边蹭来蹭去。每当给它顺毛时，它都会舒服地一直发出哼哼的声音。小莫终于在这个人人繁忙奔波的城市中生出了一些些幸福感。

享受独处，是一个人内心丰盈的表现。与一盆花相伴，与一只猫共处，都可以为独处带来更丰富的情感体验。人生虽短暂，但探索无止境，向内寻求心安，向外拥抱世界，你会发现，人生到处都弥漫着美好的气息。

《小王子》中，小狐狸对小王子说："如果你驯养了我，我们就会彼此需要。"小莫给了小白猫一个家，小白猫给予小莫一种归属感。小莫意识到，自己不是一定要和他人建立亲密关系，一个人也可以活得有滋有味。

幸福不是做给别人看的，幸福如人饮水，冷暖自知。

一个有丰富情感和独立思想的人，独自一人就可以演奏人生乐章，不必去追寻"拥挤的幸福"。

03

在网上看到一个视频，感触很深。

视频讲述了一对异地恋情侣，男孩是一个军人，两人一年到头见不到几次，好几次见面，男孩临时要出紧急任务，不得不将女孩抛下。

女孩只能在男孩走后自己安慰自己。第二年，女孩忍不住向男孩哭诉道："我需要你的时候你总是不在，无论干什么我都是一个人，这样我们不如分手吧。”

男孩看到女孩哭，眼眶也不禁泛红。他小声说：“可是我没有办法，我也不想离开你。”说完眼泪掉下，两人抱在一块痛哭。

即使这样，两人都没有狠下心分手。渐渐地，女孩找到了独自一人生活的节奏。

男孩训练完就会立马给女孩打电话，一有假期就立刻去陪女孩；女孩也会不经意地给男孩制造惊喜，会偷偷去部队见男孩。除此之外，他们各自在自己的岗位上认真工作。女孩会在下班后和同事约着出去吃饭逛街，或在自己的小屋里练字、织毛衣、看书、刷剧。

日子过得淡然而松弛，就这样坚持了五年异地恋，男孩退伍回来，和女孩携手步入婚姻殿堂。

在过去那段分别的日子中，两人都独自生活，并好好照顾自己。孤独没有打垮他们，反而使他们更加独立，也更加珍重对方。漫长的等待中，他们顶住重重压力，最终等来了幸福结局。

我们必须学会一个人度过难挨的时光，才能内心强大起来。一个人从忍受孤独到享受孤独的转变，就是因为拥有了强大的内核，这样自己才能坦然接受任何人的到来和离开。

读到小说《献给阿尔吉侬的花束》中的这段话：“你要的答案不在书本里，也不能依靠别人来解决，除非你想一辈子当小孩。你必须在自我内部找到答案，感受到该做的正确事情。”

“学会独立行走”，有时会看到网友们这样互相调侃。没错，我们或早或晚都得甩开那只搀扶我们的手，独自完成“成长”这门有点痛苦又十分有意义的课程。我们将在“一个人”的境地中重塑自己的认知，成为崭新的自己。

04

有段时间，“护林人”“守山人”等职业突然成为人们向往的“清静”职业。

有做过护林相关工作的人说，守山护林其实很危险，除了可能遭遇野兽、山火、迷失道路等危险，那份孤独也会令很多人萌生退意。

不同于人们幻想中归隐山林的浪漫与潇洒，很多护林员半个月乃至一个月才能见到送物资的人员，才有机会与人交流；有些山林供电依靠发电机，为了节约电量，护林员精打细算，连听收音机都要掐着时间，更不用提看电视、打游戏了。

守山护林、与世隔绝，很多生活在正常社会环境下的人根本想象不到那种不闻人声、不见人烟，仿佛被人类世界所遗弃的孤独。

尽管那么多人吃不下孤独之苦，可仍然有人独自穿行在山林之间，日复一日，甘之如饴。

后来有幸遇到一位自家长辈是护林员的旅友，才得以了解终身护林人的思想和信念。

老护林员守护山林将近四十年，也曾在守林生活中感到孤独。但他并未因此而退缩，反而从每日跋山涉水、看山看水的日子里品出趣味来。晨间的空气有一种清新的黏稠感，吸一口气仿佛痛饮了某种佳酿；山林里的鸟雀比村镇里的更加机灵谨慎，也有着从容神气的派头。每天日升日降，从“凉飕飕”走到“热乎乎”又走到“凉飕飕”。虽然有时遇到风雨，天气骤变弄得人十分狼狈，但每一次踏在熟悉的土地上都不自觉地得意起来——为又痛快地过了一天，为万般困难难不倒自己。

随着旅友娓娓道来，我的眼前恍然出现了一位乐观的行者，干瘦却矫健，质朴而快乐，在旁人难以想象、难以忍受的孤独岁月里，为自己双脚丈量过的道路和亲手触摸过的树木，从心底尽情地唱出一曲欢歌。

每日人来人往中，我们能够遇见很多独行的人，孤独地吃饭、孤独地工作。他们在孤独的世界中徜徉，但他们的生活未必冰冷无趣，他们的灵魂同样可以炽热精彩。

我们不必追求宾朋满座，不必将独身一人当作一件羞于启齿的事，而是要坦然地享受一个人的时光，在这段时光中丰盈自己的内心。

6

允许自己做自己，允许别人做别人

人生最好的状态，是自在自为

活在向往的日子里，

而不是别人的眼光里。

01

总是在电视剧中看到那种每天早上一杯冰美式咖啡，精力旺盛地上了一天班，晚上还能在健身房待一个小时的人。我和大多数人一样，佩服他们的精力，好奇他们的感受。于是，我也去办了一张健身房年卡——最后只短暂地去过两个月。

那段时间，我是自由职业者，实在不想早起，便每次都带着一杯冰美式咖啡去健身房。

一般我会在跑步机上“走”个20分钟，再到休息区喝上几口咖啡，听一听教练们讲述健身房里的“奇闻异事”。其中有一件事，让我记忆犹新。

一个四十七岁的大姐，因为看了一部电影，想要学拳击。当然，可以预见的是家里人并不支持她。

但她依然坚持要学，并未因其他人的态度而转变心意。起初，家里人都认为她不过是心血来潮。然而三年过去了，她每周都会到健身房报道三四次。

教练感叹，不只是大姐的家人，就连他们这些教练，也没想到她真的会坚持下来。

从那天起，我就特意观察了一下，看到一位精神抖擞的大姐一个人默默地打拳。因为人看起来很年轻，要不是教练提醒，我压根就没想到她就是故事中的大姐。

看清她的模样后，我才记起曾在健身房的宣传墙上看到过她。墙上贴着她练拳击时的照片，下方还有一句话："生活就像一场盛宴，只有专注于自己手中的盘子，才能品尝到真正的美味。"

那天，不知是我咖啡喝得太多，还是我被她的光环所吸引，晚上我躺在床上睡不着，不断回想着她练拳击的模样。

原来，在意自己，将自己的想法放在第一位，不让别人影响自己，做自己人生的主角，活成自己想要的样子，是这样酣畅淋漓的一件事。

不记得在哪里看到过这句话："窗外星轨纵横，而我自成宇宙。"

一个人生来有自己的看法，有自己的活法，这是人，或者说生灵的天赋之权。

赏一二心怡风景，为一二心愿之事，就是最好的状态。我们不必向"我"之外的宇宙寻求认可，就像花可以选择适合自己的季节和地方盛开，而无需为了欺霜傲雪、空谷独芳的声名绽放。

活在向往的日子里，而不是别人的眼光里，做不妨碍别人而爱着自己的人。

02

玩得好的前同事向我抱怨了一箩筐，说自己半点不得自由。

这位前同事有个"年代热名"——玉洁。玉洁比我小几岁，上班后也还没磨去孩子气。我只来得及回了句"发生什么事了"，她的微信消息便大段大段涌进我的手机屏幕。

最近惹玉洁心烦的是，领导又开始给她"画饼"，仿佛她马上要成为公司举足轻重的人物。事实上，委以重任是有的，升职加薪是没有的。

玉洁觉得压力值爆表，可家里人还真的挺爱吃领导画的这种"大饼"，一个劲儿劝玉洁多多吃、好好吃。玉洁决定不再跟家里人谈论工作上的事，还谋划着离职，想要做个自由职业者。于是她一边应对公司的任务，一边尝试开启“自由”赛道，忙得不可开交，甚至开始怀疑自由职业的“自由”是个骗局。

比方说，她试着做有声书主播，但是选读物、练朗读并不像她想得那样容易，还要考虑版权、流量种种问题。玉洁觉得，没有什么工作能让她获得真正的自由。

听到玉洁的抱怨，初时我感到些许不解，因为玉洁声音好听，爱唱歌，也喜欢读书，曾是学校各种朗诵活动的主力，听起来做个有声书主播再合适不过了，可她初步尝试便失去了热情。

后来我想，大概这是心态造成的。如果玉洁将做有声书主播当作一种消遣、爱好，顺便赚点零花钱，大概她会喜欢这份工作。但她带着借此摆脱上一份工作的迫切期望，满心是对现有工作的厌倦，无法将录制有声书当作一种乐趣，也生不出开创事业的兴奋感。一项本来可能被玉洁所热爱的事业，最后却在她的眼中失去了光。

做想做的事，过想过的生活。

看似简单的愿望其实并不容易实现，因为人总要生活在人世间，熏一熏烟火气，经一经风波恶。但人又有点反骨，被逼迫着、催促着迈步，每一步都走得不情不愿。如此，何谈自在自为？玉洁不就是因为被迫迈步，反倒在一条本该畅通的道路上踌躇难行吗？

“最好的日子”究竟是什么样子的？很难下个定义。不过，我想，起码要弄明白自己“想做的事”和“在做的事”，然后将“想”和“在”合而为一。

先做能够做的，再做应该做的，最后做喜欢做的。

为应为，为欲为，为自在之事为。

03

一位理发的老师傅说，最初他没有做“文化人”的机会，于是去给人当学徒学了理发的技艺。有了手艺安身立命，他逐渐有了积蓄，便花钱深造。

有人笑他：“你这些年剪头发剪得挺好，何必花钱去和一帮小年轻一起上课？”

他只说，自己没在学校待多久，去瞧瞧学校里怎么教剪头发，应该挺有意思。

在技校学习完后，有的熟客来问：“现在时兴的发型，你能剪吗？”他回答：“要是图新鲜就剪剪看，不然还是依照头型和脸型剪，每个人的脑袋长得不一样呢。”

那时越来越多的人开始重视头发造型，顶着一头“流行款”的人遍布大街小巷，别的理发店都很乐意推荐“流行发型”“流行发色”，他却坚持依着顾客的头型和脸型来修剪打理。有的人便说，他只是去学校“镀金”，什么也没学成。

他不管这些冷言冷语，也并不增添新式剪刀、剃刀、洗发露、染发剂等“花里胡哨的东西”，仍是一套基础家什。如果顾客想要“流行款”而他的工具齐备，便给理个时髦的；如果顾客只求适合自己的，他便尽情发挥。然而后者比前者更多地成了回头客。

一晃三十多年过去了，一家家新兴的“美发沙龙”“造型设计”亮起灯牌，而老师傅除了电吹风几乎未添置新的设备。他说，要不是还有几个老顾客定期来他这里染头烫头，他连电吹风都不必添置，仅凭推子、剪刀，就足以满足需求了。

“年岁大了，染头烫头的人一多，精力跟不上了。”老师傅“嚓嚓”地舞着剪刀，感叹地说。

这时，客人就会闭着眼睛问：“那您怎么还开着店，从东头搬到西头，还不歇歇？”

“我搬了这么多地方，你们不也找来了。”听到这样的问话，老师傅便轻轻地笑。

他打心眼里喜欢理发这门技术，可以将他视作一位精进技艺、匠心独守的匠人。

季羡林先生曾道：“我主张，一个人一生是什么样子，年轻时怎样，中年怎样，老年又怎样，都应该如实地表达出来。”

老师傅便是一个始终如一的人，他热爱理发这门技艺，不仅将它当作谋生的手艺，也当作生活中的一种趣与美。中年坚持求学，半生坚守传统，这位老师傅一直都知道自己心中的“理发”有着怎样的理念，并忠实地以每一次剪刀开合进行表达。

在数十年理发生涯中，老师傅心底的花常开不败。

所行皆所愿，便是自在人生。

一颗悠然自在的心，应当有一点闲适、一点坦荡、一点满足和一点宁静。

心自在，身方安然。

允许自己做自己，允许别人做别人

“我”不是我，

“你”不是你，

这样的人生怎谈得上有意义？

01

一日，猝不及防吃到了同事的“瓜”。同事珊珊最近与男友闹得很不愉快，起因是两人正在准备结婚事宜，到了买婚房的阶段，珊珊想在公司附近买，这里正好有一所小学，方便以后孩子上学。

而珊珊男友却觉得这样的人生一眼便看到了头，有买房的首付不如直接买辆房车。付完首付还要每个月还房贷，但买了房车，房子有了，车也有了，还可以到处去旅游。

男友极力畅想着未来“想走就走”的美好生活，完全不管珊珊的黑脸，他自顾自地从“商讨模式”进入了“沉浸模式”，仿佛他们已经就买房车达成了共识。

珊珊觉得男友的想法不现实，当即反驳道：“买了房车去旅游，吃喝怎么办？不上班，怎么维持基本的生活开销？”她和男友都不是丁克主义者，以后大概率会有孩子。即便不要孩子，两边老人的养老也是个大问题。

珊珊男友不耐烦起来，只觉得就应该享受当下，他对珊珊说：“这样活着你累不累？每天都算计来算计去，你怎么变得这么庸俗！”这话令珊珊大为伤心，摔门而去。

但毕竟和男友有多年感情，她还是希望能够好好沟通一下。然而沟通下来，两人都不愿改变自己的想法，就这样僵持不下，彼此都不肯给对方台阶下。

珊珊那段时间状态很差，每天和人哭诉。她说她也不知道该怎么办了，再这样下去可能只剩分手这一条路了，说着说着眼泪就顺着脸颊淌下，看着楚楚可怜。

一位同事不忍心看她再这样下去，安慰道：“不是所有选择都必须正确，你可以只选择你喜欢的选项。”

过了两天，珊珊请了假，一个星期都没来上班。有的同事很担心，生怕她出了什么意外。还好到了新的一周，珊珊早早便坐在工位上，笑容明媚地对大家说：“早安，我给大家点了咖啡。”

午休时，大家围在珊珊身边，问她怎么请了这么多天假。

珊珊说自己出去度假了。她在休假的前一晚上跟男友提了分手，然后出去玩了一圈。珊珊说："他那么爱自由，那我就把自由还给他。既然我不打算结婚了，当然得用为结婚准备的这笔钱好好犒劳自己。"

她还说自己再也不用纠结是买婚房还是买房车了，租房过一辈子也挺好的，还没有太大的压力。从此，办事利落、元气满满的珊珊又回来了。

看到过这样一段话："有的人为了车子房子拼了一辈子，有些人只买辆摩托就走遍了大好河山。你想成为怎样的人，过怎样的生活，就去做，做了别后悔就行。"

每个人都有自己的想法，没有对错之分，只是喜好不同、性格不同罢了，不必强求达成一致。

你的一岁有你的味道，他的一站有他的风景。一个心智成熟的人应当认识到，坚定自己内心所想，不去动摇他人的方向，是人们各自安好的必要前提。

允许自己做自己，是一种从容；允许别人做别人，是一种包容。

在追寻美好生活的道路上，我们大可以各自跟随心的声音，各走各路。

02

有这样一段话在网上很火："当你的修为越来越高，你才开始真正理解，身边的每一个人，没有好坏，没有对错，只是处在不同的能量频率中，显现出不同的状态。"

有朋友对我讲述了这样一个故事：

他们单位的新员工林墨和其他三名同事共同住在一间宿舍里。林墨话不多，却有三个惹人注目的行为：

一是自己剪头发。初入职时，林墨留着一头半长不短的头发，正处于头发的"尴尬期"，披散着不舒服，扎起来也不方便，于是林墨拿起剪刀三两下把头发剪短了。修剪的效果从美观度来看一般，但不挡眼睛，洗头方便，也算齐整。后来，每到头发"尴尬期"，林墨都自行剪发。

二是不社交，也不自己出去玩。单位聚餐、团建能推则推，同宿舍的人邀她打游戏、逛街也不应，也不见她约朋友或自己去玩，她总是在桌边坐着看书，或拉起床帘躲进去。

三是异常沉默。沉默的人本来就在单位里不显眼，而林墨格外沉默，相处一个月后，同办公室的人和室友听她的声音仍觉得陌生。

林墨所在的部门在业务淡季十分清闲，这时同事们偶尔喜欢“八卦”一下，行为怪异的林墨自然成了大家口中“常客”。

半年后，林墨偶尔会请假。有人说她请假是为了考试，可考的是什么呢？不知道。

后来，室友和林墨熟悉一些了，无意中发现她已经考了很多证书。一次年终小聚，林墨终于肯参加活动。喝了点酒后，气氛逐渐热烈，大家知道了林墨自工作以来一直忙着考取各种专业相关的证书、资质，一口气忙了两年，如今需要暂时休息一下。

林墨说，她知道自己看起来太不合群，但是“金钱、时间、个人精力，都要合理分配，在我看来，充实有序的生活就该如此”。

在一些人眼中，林墨是一个“怪人”；在另一些人眼中，林墨是一个自律的人。事实上，无论别人如何看待，一个独立的灵魂都不会在意别人说什么，他只会默默做自己的事，成为自己定义的“人”。

每一朵花都有自己的生命格调，花期各不相同，芳香亦不相同。没人因为一朵花开在黎明或黄昏而质疑它的身份，也不能以它芬芳的浓淡而怀疑它的价值。

它永远是一枝花，曾开放过，也曾用自己的花瓣抚摸清风、挽留明月，即便无香也无妍丽的姿态。

03

一位朋友说成年后再也找不回童年的快乐，并提到了小时候邻居家一个名叫悠悠的小姑娘。

她们白天腻在一起吃饭、打游戏，一起闯祸，一起挨骂；晚上也常躺在一张床上，编着不着边际的故事，数着窗外的星星或玻璃上凝结的霜花。她们还会穿同款衣服，戴一样的手链，走在外面会被人当作亲姊妹，就连两家家长都觉得自己多了一个女儿。

但是，快上高中的时候，悠悠家不知出了什么事情，要举家搬回老家。朋友哭着问悠悠以后能不能再见，得到的是一片沉默。

朋友说自己那时候还小，以为沉默就是拒绝再见，伤心极了。

后来朋友的奶奶开导她，安慰道："你要知道世界上的事情，不是都按照你所想的发生。短暂地离开是为了更好地相逢。"

但朋友对悠悠的沉默耿耿于怀，觉得只有自己看重这段长达十年的友情。奶奶笑着摸着她的头说："傻孩子，你不是最了解悠悠吗？她只是有些心里话说不出口，每个人表达情感的方式都是不一样的。"

这时朋友开始后悔起来，怕悠悠误会自己的态度。奶奶慈爱地说："悠悠也是最了解你的呀，她会知道你的心意的。每个人表达情感的方式都不一样。"

听过这样一句话："巷子里的猫很自由，但没有归宿；围墙里的狗有归宿，却终生都得低头。"

人生就是一道又一道选择题，每个选择都可能被人质疑，每个人也都可能质疑别人的选择。当我们做出自己的选择时，也要允许别人做出他们的选择。

一个人不应成为他人的附庸，每个人都要对自己的人生按下代表"抉择"的按钮，用独立的姿态面对与他人或同向或反向但属于自己的路线。

我们选择，我们表达，我们最终成为理想的自己。

圈子不同，不必强融

“圈子不同，不必强融。”

现在，越来越多的人这样说。

01

毕业后我曾去过一家文创公司，这里有一位神奇的同事，姑且叫她“三翅鹤”吧。只要“三翅鹤”一靠近，空气中就弥漫着“有什么怪东西来了”的气氛。真的，我发自内心喜欢她，但除了这种略显失礼的言辞，我确实想不到更贴切的形容。

“三翅鹤”是设计师。我们公司虽然体量不大、籍籍无名，但毕竟“设计多怪咖”，资历最久的“三翅鹤”是公司一道不一样的风景，这不稀奇。

我听说，在我没入职之前，“三翅鹤”曾当众让大老板下不来台。据说是因为大老板心血来潮硬要“指导”一下设计工作，而

“三翅鹤”当即反驳了那些“不着边”的想法。

“客户是我对接的，我们在设计上已经达成共识了。”

“达成共识，那怎么还没定稿？”

“我们在理念上达成了一致，细节上要多沟通几次。人和人的审美是有差别的！”

出了公司大门后，同事绘声绘色地讲着，把“三翅鹤大胜大BOSS”演得活灵活现。我在销售部和行政部轮岗的时候，发现有些工作涉及设计的同事特别喜欢时不时把“三翅鹤”“捧出来”，将她当作整顿职场的一道光。

老祖宗说“木秀于林，风必摧之”，又说“将欲取之，必先予之”。某些同事打小报告的行为，令人忍不住担心起“三翅鹤”来。

“我可以靠本事留下来，也可以靠本事离开。”偶然在茶水间遇见“三翅鹤”，她突兀地开口。我正愕然，不知道这番话是不是对我说的，又听她说道：“不是同路人，就别往一起凑。”说罢她端着怪模怪样的手绘杯子走了。后来我无意中得知，那只杯子是她早年去陶吧玩时做出的第一个成品，造型是三只翅膀的鹤。

我想，“三翅鹤”就是一只“怪鹤”。她不惮于展露自己格格不入，因为她有独特的飞翔方式，也有随时振翅而飞的勇气，任谁也无法捕获她、改造她。也因此她直言拒绝领导“外行指挥内行”，也不在乎提点我是否会给自己带来麻烦。

蓬生麻中，不扶而直；白沙在涅，与之俱黑。

从前，我用这句话来自我勉励，寻找带给自己正向力量的环境。直到遇见了立于“鸡群”中的“鹤”，领悟油然而生：强大的能量和适宜的环境缺一不可。我们要有成为一只鹤的本事，但不能仅有为鹤的本事，更要有离开的智慧和勇气。

02

一位喜欢分享故事的高中老师曾说，有的人身处泥洼之中，能力越大，只会带来越多的痛苦。

据说早年间——也不知早到什么时候，总之讲的是这位老师的祖辈的事。

那位老先生小时候向往读书，在学堂里蹭了几节课，识得些许字。但家境贫寒，家人实在供不起他一直读书，于是凭着他识文断字的优势将他送去医馆当了学徒。说是学徒，多数人去了不过是帮大夫提药箱、拣药材而已。

他跟的老大夫为人正直，因他有识字的功底，下了大力气栽培他。他受了熏陶，将“医者仁心”视为至理名言。

后来老大夫遭难，他的学医之路中断了，他去了别处谋生。

那时节，乡间多的是治不起病的人，他尽力诊断症状或辨识草药，虽然自认尚不够格称为医者，可乡亲们都敬重地称他“大夫”。于是他愈发沉迷于医术，悉心钻研，以救治人命。

当时，周围村镇上有几个用符纸灰配着药材给人“救命”的神婆神汉。他厌憎这些人：不走正道，简直是草菅人命！

后来，他被他抨击过的人恶语中伤，甚至连被他救治过的人也开始觉得他“没点敬畏心”，开始远离他。看见乡亲们如此执迷不悟，他不得不暂时离开了这座镇子，另寻安身之所。

那天正好有一节古典文学赏析课，我想到之前高中老师讲述的这个故事，便忆起《红楼梦》中林黛玉吟的一首《葬花吟》，其中有一句是“质本洁来还洁去，强于污淖陷渠沟”。

志不同者不与为伍，道不合者不相为谋。

合群不是必做的，强迫自己放弃高飞的翅膀、洁净的羽毛不可取。如果融入一个圈子的代价是违背自己的天性、放弃自己的志向，那不如转身远离。

圈子不同，不必强融。

03

有人说做义工是一种见识世界的方式，我深以为然。在养老院做义工的时候，我最期待的是听那些饱经沧桑的老人家谈古论今，虽然所述未必与当下环境契合，但每每发人深省。某天，便听一位老人家讲了这样一个故事：

在一个村子里，一对年轻人自幼交好，亲如兄弟。其中小王家境稍好些，时常将村里少有的新奇零食分享给对方。而受了小王许多馈赠的小陈长大后打拼事业，开了自己的小厂子，却不愿意帮助曾经的兄弟，以至于传出“白眼儿狼”的名声。

据说，小王逢人便骂小陈是“白眼儿狼”，说他不懂感恩，白费了早些年对他的好。

其实，两人闹翻并非所谓的“不肯帮衬兄弟”。

原来，长大后小王家里经济条件不好，向小陈借钱，小陈二话不说就借给他了，并不催还；小王看小陈的厂子办得红火，想要入股厂子拿分红，小陈也同意了，并劝他多来厂里转一转，学点技术或管理，不要总在家里待着。

小王确实也去了，可真的就只是转了一转，回头便引荐了一帮“人才”——都是他打牌、喝酒时结识的。

这回小陈不肯松口了。他辛苦打拼，好不容易有了这份事业，而且这厂子里好几十号人要赚钱养家，怎么能引进这些不着调的人？到时厂里乌烟瘴气，不就毁了？

小陈约小王出来吃饭谈心，说自己的钱他想用也行，但得保证厂子活下去，保证员工们拿得到工资吃得上饭。

可他的“好兄弟”并未被这番语重心长的话触动，借着酒劲说他“拿腔作调”“看不起我的朋友，也就是看不起我”，还到他的家里跟老人胡搅蛮缠。

小陈一怒之下叫小王还钱，不然就抵了股份，从此两清。

小陈和他的“好兄弟”小王一刀两断，一些平日里来往密切、关系也不错的邻里亲戚居然也站在小王这边，指责小陈小题大做，太绝情。

小陈意识到，他该“离群”了，便带着家人搬离了这里。

“麻雀看见孔雀负担着它的翎尾，替它担忧”，正如泰戈尔所言，不是所有人都能理解他人的优势、荣耀或追求，有时还要替他人的选择而生出无谓的烦忧。

人生短暂，值得劳心费神的事情如此之多，我们不必消耗心力与对方纠缠，只需要不置一词静静远离即可。

爱自己，
要尽心尽力

我们一路披荆斩棘，

发现“爱自己”是终章，也是缘起。

01

喧闹的城市角落有一家开了多年的面馆，名叫“温馨小馆”。尽管它和宽敞明亮、设计抢眼的店铺比起来毫不起眼，却因一个特殊的功能成为小店常客们心中不可取代的“小食堂”。

热爱烹饪的小韵受种种影响无法实现自己的厨师梦，于是节衣缩食，用尽积蓄盘下一间门面，取名“温馨”。

每天天不亮，小韵就开始准备食材，悉心烹制美味面食。她还在墙上挂起了一块“微笑板”，鼓励顾客在上面写下无处诉说的心事，让人们在享受美食的同时放下心中的烦闷，传递温情和触动。

一个平常的雨天下午，小雅走进了温馨小馆。她在这座陌生的城市里孑然一身，来去独行，而一进入这家面馆，温馨的笑脸和热腾腾的面条便迎了上来，为她驱走了身上的寒意。

吃着面，小雅注意到“微笑板”上距离她最近的一张留言：“尽心尽力爱自己。”

后来，小雅成为面馆的常客，但她没有在“微笑板”上留下只言片语，只是在用餐间隙静静阅读新添的留言。直到一天，她来得很晚，其他客人已经离开了，只剩小韵整理点餐台的琐碎声音伴着小雅慢慢地吃完最后一根面。

小雅叫住了小韵，说出了除点餐结账以外的第一句话：“老板，一个人到底应当更爱血脉亲人还是更爱自己的梦想？”

小韵想了想，摇头说：“怎么说呢，不同人看重不同的东西吧。但我觉得一个人爱世上的其他东西，都要基于爱自己这个前提。”

小面馆终于迎来了小雅的第一张留言：“我将爱世界，基于爱自己。”

在温馨小馆中，小韵的“微笑板”迎来了一张又一张或嗔或喜的留言，成为“小雅”们的心灵可以暂泊的港湾。

“我开面馆是为了爱自己。”小韵说话时眼里有光，“也希望大家能够在这里拾起爱自己的勇气。”

卓别林说：“当我开始真正爱自己，我不再牺牲自己的自由时间，不再去勾画什么宏伟的明天。今天我只做有趣和快乐的事，做自己热爱、让心欢喜的事，用我的方式，以我的韵律。”

爱自己，不是只爱自己的强大，也不是强行矫饰自己的瑕疵，而是以从容的姿态接纳自己，允许自己犯错，允许自己失败，允许自己悲伤，也允许自己从每一个生活片段中汲取快乐。

“这世界我们都只来一次”，无论我们活成什么样子，都请发自内心地说：“我不完美，但我还是爱自己。”

爱自己，是终身浪漫的开始。

02

善良永远都不会错，希望你能保持炽热和真实，热爱每时每刻的自己。

和以前的同学聊天时，同学忽然发起感慨：“为什么真心付出的人总会遇见不懂得珍惜的人，人就一定要受点挫折不可吗？”

原来，她在一个39℃的高温天气出去逛街，热得两眼发昏，到了目的地迫不及待地冲进商场与空调相会。进门口前，她看到一个穿着卡通人偶衣服的人在不停地发传单。

一看厚重的人偶服更觉心热，同学忙凑到最凉快的地方感受冷气。站了一会儿，同学发现卡通人偶将厚重的头套摘下进商场里乘凉——原来是一位面相老实的小哥，看着像是大学生。

卡通小哥的脸被闷得红扑扑的，汗水顺着脸颊淌下，头发被汗打湿黏在脸上。就在卡通小哥拿着传单扇风给自己降温的时候，一个女生急匆匆地走到他面前，没说几句话就对着他嚷了起来。

原来女生是卡通小哥的女朋友，卡通小哥为了攒钱给女生买生日礼物，不仅每天省下一部分生活费，还出来做兼职赚钱。但显然女生并没有领情，她大声喊道："一天到晚除了发传单就是发传单，你知不知道这样有多丢人？！我们班同学都跟我说：'你男朋友又去打工了。'以后别来找我！你这样的人，我拿不出手！"

说完她大步离开，仿佛逃避什么病毒一样。卡通小哥失魂落魄地坐在商场门口，不知道在盯着什么看，很久才眨一次眼。

同学忍不住上前安慰道："职业有别，但无贵贱之分，靠双手挣钱永远不丢人。不过你再爱别人，也要记得好好照顾自己。"

卡通小哥低声说："为了攒买礼物的钱，我已经啃了一周馒头了。我并不觉得我的爱拿不出手，但可能不是她想要的吧。姐，谢谢你安慰我。"

同学陪他待了一会儿，他调整好自己的情绪，重新戴上头套，又出去发传单了。

你可以爱一个人爱到尘埃里，但没人爱尘埃里的你。没有回应就是一种回应，没有答复也是一种答复。双向奔赴的爱情才有意义。

“永远善良、坦荡且正直。”同学说，她最近看到了这句话，格外受触动。

善良本身不是错误的，但善良若是用错了地方，就会伤害自己。我们如果因为善良而受伤，应该反思善良是否给错了对象，而不是在“是我不够好”的自我声讨中将这善良埋藏。

爱人，爱世界，也要爱自己。

在经历黑暗与坎坷时，你要学会将珍视的目光落在自己身上。

03

人生很短，日子应该被喜欢的人和事情填满。对每一个明媚的日子都应当格外珍惜，不要将时间浪费在没必要的人身上。认真生活，热爱自己，我们没有理由不幸福。

经常在小公园里看到一个女孩帮人遛狗，不知道她是以此赚取生活费，还是单纯因为她喜欢狗。她时常笑着，哪怕一些不想回家的大狗和她对着干，赖在地上不肯动，她也总是笑吟吟的。

时间久了，女孩在附近有了口碑，一些想找人陪伴的老人也来找她帮忙。老人家们的爱犬通常身量不大，他们有时坐在椅子上、花坛边，含笑看女孩牵着狗跑跑跳跳，有时也和女孩一同散散步。

一天，一向明媚如盛开的向日葵一般的女孩眼睛微红，声音也有些沙哑。这天需要遛狗的是一位健谈的老太太。这位可爱的老太太有些眼花，起初并没发觉女孩的不对劲，后来她看出女孩心情不好，立即说："哎哟！是不是这淘小子气你了？还是它没洗澡熏着你啦？"说着还作势用手拍打小狗的脑袋。

女孩坐下来，捏着小狗的爪子说："我们小子可听话啦！""小子"是老太太对她的狗的称呼。

在和暖的阳光下，女孩轻声说出了自己的心事。

女孩是单亲家庭，父母在她小学还没毕业时就离婚了，她一直跟着妈妈过。童年记忆中父亲给了她许多关怀，因此她一直期望再次得到父亲的关心。

然而，曾经在她闹着不写作业要看电视、不好好吃饭只吃零食时无条件满足她的父亲，在离婚后却对她不闻不问。她高中时生病需要亲人照顾，他却拒绝来探望她；她考上了不错的大学，他也只是说了几句轻描淡写的漂亮话。

她本以为距离远了人就生分了，本以为父亲有了新家庭就没有多余的精力来关注她了。直到不久前，在老家遇见了回来处理退休事务的父亲，听父母争执才知道，父亲当初半点争取她的意思都没有，主动提出放弃抚养权。

“我不理解为什么曾经对我那么好的父亲会主动抛弃我，我一直想回报我记忆中的那位慈父，希望我们不至于成为熟悉的陌生人，为他不肯见我也不让我去找他而伤心。现在我突然想明白了，当初他对我的好都不费力气，所以……在他的眼中我一直都是不重要的。”女孩说着，又不可避免地难过起来。

老太太微微侧身，用干燥而温暖的手掌拍着女孩的手背，说：“孩子，你很重要。在一手把你带大的妈妈眼中，你是很重要的；在我和小子眼中，你也是很重要的；对你自己来说，你更是最重要的。”

老太太告诉她，人和人之间，爱与不爱其实挺明显的。如果你发现他对你的爱根本不存在，又何必为一个不爱你的人费心思、流眼泪呢？

“你妈妈希望你幸福吗？”老太太问她。听女孩毫不犹豫地给出肯定的答案，老太太露出舒心的笑容：“你看，有人把你看得很重，你怎么能把自己看轻？就算老天给你苦头吃，你也得多给自己吃点甜品。”

女孩把小狗抱在怀里，认真想了想，也笑起来：“是我想错了，我怎么会不重要？虽然我不擅长交际，也不像别人那样会赚钱，但我所有的缺点都不是我不爱自己的理由。高高兴兴过好日子，才不会辜负爱我的人，也不辜负自己。”

毕淑敏在散文集《我很重要》里写道：“是的，我很重要。我们每一个人都应该有勇气这样说。我们的地位可能很卑微，我们的身份可能很渺小，但这丝毫不意味着我们不重要。重要并不是伟大的同义词，它是心灵对生命的允诺。”

每个人来到世界上都是独一无二的，我们是很宝贵的个体，请相信自己的价值，相信自己很重要，请尽心尽力地爱自己。

“我关心我自己。我越是孤独，越是没有朋友，越是没有支持，我就越尊重我自己。”名著《简·爱》中，简因为罗切斯特隐瞒婚史、表现出不一样的感情观而与之决裂。

面对罗切斯特自暴自弃般的宣言，简以“我不把这种命运强加给你，正如我不会去抓住它作为自己的命运一样”作为应答。尽管简深爱着罗切斯特，但她绝不因这份感情而放弃自己的尊严，违背自己的价值观。她自认“贫穷、卑微、不美、矮小”，可也同样坚定地认为人的灵魂是平等的。她从不曾放弃爱自己。

接受自己的不完美，不要为此而卑微。我们应当做青山，不为一草一木的凋零而失意，始终保持着活力与希望。

人生最好的贵人，就是努力向上的自己

生活或许不公平，

但当我们伸出手去，

总能抓住命运的衣角。

01

听说过一位“寒门贵子”的故事，乍看与所有同类故事如出一辙：

女孩出身偏远地区，家境贫寒，家里的劳动力只剩下母亲。在她成长的历程中，很多人都曾劝过母女二人：“孩子书读得差不多就行了，让她趁早去打份工吧。”

女孩也不止一次心动过。当然，她并不是要放弃求学，而是希望用休息时间做点活儿贴补家用。可是她的母亲比她更坚决，不许她分心耗力到学习以外的事情上。

高考结束，女孩考上了不错的大学。这时女孩再说做兼职，母亲就不再阻止了，因为“孩子知道自己在做什么，她心里有数”。然后她毕业、工作，拥有了一番成就。

这个故事并不稀奇，但仍然拥有触动人心的力量，因为故事的主人公说：

“我这小半生其实遇到过许多好心人，但我始终不把任何希望放在‘遇到好心人’上。我坚信，我可以成为我自己的贵人。”

世上当然有很多有善心且经济富裕的人，肯对他人伸出自己的援手。但是对于一个平凡的人来说，如果把希望全部寄托在别人的援手上，那只要一次没有抓牢“贵人”的手，便可能永远堕入黑暗之中。

有人说，人生就像一本书，翻开是故事，合上是回忆。在这本书里，谁都不完美。

当然，我们都是不完美的，都会在某些时刻感到无力。但在自己的人生故事中，我们是主角，是自己的主宰，也是唯一能够无数次救自己于水火之中的贵人。

正如动画片《爱、死亡与机器人》中的桑尼，在经历了一系列厄运后，她成为斗兽赛场上的常胜者。她不以仇恨为驱动力，也仍然有勇气重新融入正常的生活。在一次次回忆起糟糕的过往时，在继续不断经历生死危机时，桑尼始终没有被残酷的生活所打败，因为她自己选择了人生走向，并依靠自己的力量把控前进的节奏。

02

有一对好友小赵和小张，读书时相识，而后各奔前程、分隔两地。一开始，他们还互相约着去对方所在的城市游玩，也时常发消息问候对方。不知何时起，他们逐渐淡了联系。

一天，小赵翻看朋友圈，刷了一条又一条也没看见小张的动态。他忍不住点开聊天框，发现一片空白。小赵仔细想了想，自己大概一年多以前换了手机，没有保存从前的聊天记录，而在那之前他就已经很久没和小张聊过天了。

“看来，我们确实疏远了。”小赵犹豫着要不要尝试和小张联系一下，但恰好工作事务来了，他忙着谈项目、做培训，没有再主动点开和小张的聊天页面。

又过了很久，他听一位熟人提起小张的境况不太好，这回他终于试探着给曾经的好友发去了一条消息。

消息成功发出去了，却没有立刻得到回复。过了一天，空荡荡的聊天界面上才出现了文字。

原来，小赵步入社会后仍然拿出上学时候的劲头学习，第一份工作不如意就一边努力深造一边勇敢尝试，直到找到真正适合自己的领域，并得到上司的赏识。那段时间里，小张则找了份凑合的工作，每天过着凑合的日子，虽然在公司稳定下来，但并没有得到领导的认可。

一开始，他们互相吐槽生活中的不如意，并互相打气，小赵初有成就时小张也为他欣喜。但日子一天天过去，小赵凭借自己的上进得到了不错的资源，在业内崭露头角；而小张每天上班应付工作，下班吃喝玩乐，后来公司人事调整，这个业绩平平的普通员工就登上了被淘汰者的名单。

朋友事业起飞，而自己却没有一份像样的工作维持生计，这令小张心里产生了一种难以言喻的难堪。于是，他不愿意再与昔日的好友联络，就连发朋友圈也特意屏蔽了小赵。

隔着屏幕，小赵从小张看似平静的措辞中感到疏远和回避之意，而真正使他意识到自己彻底失去了一位好友的，是小张发来的这条消息：

“你比我幸运，一工作就遇到了贵人，有赏识你的人。那时候我就知道，你以后一定会发达的。”

疲惫和失望涌上小赵的心头：“我承认有很多人给了我帮助，

也感激他们，但这些赏识是我凭借自己的努力得来的，不是白捡的。”

纵然通往成功的道路是一片坦途，你也得迈步走啊。

小赵能够得到上司的看重，看似比小张幸运，但真正使他干出一番成绩的是他不肯懈怠地自我鞭策。

一次获得施与或许是因为别人的善意和自己的运气，而一次次获得施与必是因为“你值得”。这世上无缘由的收获很少，你摘得一枚果实，是因为你曾经播种过、耕耘过。

罗曼·罗兰的戏剧《爱与死的搏斗》里索菲与杰洛穆谈及信仰，说了这样一段话：“你有的是往高里去的力量，一眼望尽山外的大地、蜿蜒的长河、人类精神的进步。”一个人只有拥有向高处攀登的力量，才能望见更广阔的世界，走到更加光明璀璨之地。

03

微博上曾有一个话题：“生命中最苦痛的时候，你是怎么走过来的？”

其中一个高赞回答写道：“最黑暗的那段人生，是我自己把自己拉出深渊的。没有拉我一把的人，我就自己做那个人。”

乔乔本是个性格有些软弱的人，所幸平凡的生活里没有太多小说里的“恶毒配角”，所以她前面的小半截人生也没有吃太多苦。

但是，不幸之事还是降临了。一次乔乔随同领导出差，乔乔的领导被“客户”欺骗，给公司带来巨大损失，而一番着急忙慌的复盘后，本来只是打下手的乔乔却成为造成这笔损失的“元凶首恶”。

乔乔百口莫辩。她本来对领导很信任，因为领导总是表示“你是个既老实又直率的人，我相信你”。在乔乔看来，这位领导就是她的伯乐。万万没想到，原来领导的潜台词竟然是“你又傻又好拿捏”。

最后，“背黑锅”的乔乔辞职了。离开的时候，很多同事和从前的客户都对她领导的说辞信以为真，不知怎的这件事还流传到了她的亲友中。一时之间，乔乔只觉得身边充满了鄙夷、嘲讽、轻蔑的风言风语。

“干了这种事，真没看出来你是这种人啊！”

“为什么人家把事情推给你却不推给别人？肯定是你有问题！”

“不是你干的，你怎么会被搞得这么狼狈？”

乔乔家里一直不希望她远走他乡，上大学、找工作都让她在家乡本地，偶尔去远方出差，她也会被家里催促早早回住所。但出了这件事后，乔乔逃一般离开了这座熟悉的城市，去了一个没人认识她的地方。

没人知道那段时间乔乔经历了什么，但当她重新振作起来之后，认识她的人都发现她简直像是完全换了一个人，变得坚定而有棱角。

“一开始，我多希望有个人能够拉我一把；后来我放弃被人拯救的想法，甚至想彻底放弃这个世界；再后来，我发现我不甘心就这样下去，于是我选择自己站起来。”提起往事，乔乔语气平淡地说。

经过严冬的考验，便不再惧寒意侵蚀。现在的乔乔不会因他人的议论而消沉，也不会因畏惧生活的苦闷而逃避，更不会被人随意拿捏欺负。因为她不再依赖别人，她为自己建造了坚不可摧的堡垒。

最初，我向往太阳；后来，我成了自己的太阳。

如果指望世间存在这样一位贵人，他永远在你潦倒时伸出援手，在你落寞时给予陪伴，在你迷茫时提供指引，那这位贵人只能是你自己。

图书在版编目（CIP）数据

听一万种声音，但只成为自己 / 大麦著. -- 北京 ：新世界出版社，2025. 3. -- ISBN 978-7-5104-8008-9

Ⅰ. B848.4-49

中国国家版本馆 CIP 数据核字第 2024EZ6802 号

听一万种声音，但只成为自己

作　　者：大　麦
责任编辑：董晶晶
责任校对：宣　慧　张杰楠
责任印制：王宝根
出　　版：新世界出版社
网　　址：http://www.nwp.com.cn
社　　址：北京西城区百万庄大街 24 号（100037）
发 行 部：(010)6899 5968（电话）　(010)6899 0635（电话）
总 编 室：(010)6899 5424（电话）　(010)6832 6679（传真）
版 权 部：+8610 6899 6306（电话）　nwpcd@sina.com（电邮）
印　　刷：天津旭丰源印刷有限公司
经　　销：新华书店
开　　本：880mm×1230mm　1/32　尺寸：145mm×210mm
字　　数：170 千字　　印张：8
版　　次：2025 年 3 月第 1 版　　2025 年 3 月第 1 次印刷
书　　号：ISBN 978-7-5104-8008-9
定　　价：49.00 元